服装高等教育"十二五"部委级规划教材（高职高专）

立体裁剪教程

王凤岐　主　编

文家琴　王丽霞　孙　超　副主编

中国纺织出版社

内 容 提 要

本书紧密结合现代高职高专教学模式，内容涵盖理论教学、实践课和综合能力测评。理论知识包括立体裁剪概述、立体裁剪准备和立体裁剪基础，边讲边练的实践课包括领、袖、衬衫、半身裙、连衣裙、女上衣、女风衣等的裁剪以及工单应用范例、立体裁剪创意造型和综合能力测评。

本书既可作为高等院校、高职院校服装专业教材，又可供服装企业的设计师、样板技术人员以及广大服装设计爱好者参考使用。

图书在版编目（CIP）数据

立体裁剪教程／王凤岐主编． —北京：中国纺织出版社，2014.10（2023.12重印）
服装高等教育"十二五"部委级规划教材（高职高专）
ISBN 978-7-5180-0860-5

Ⅰ.①立…　Ⅱ.①王…　Ⅲ.①立体裁剪—高等职业教育—教材　Ⅳ.①TS941.631

中国版本图书馆CIP数据核字（2014）第181029号

策划编辑：宗　静　张晓芳　　责任编辑：宗　静
特约编辑：张思思　　责任校对：寇晨晨　　责任设计：何　建
责任印制：储志伟

中国纺织出版社出版发行
地址：北京市朝阳区百子湾东里A407号楼　邮政编码：100124
销售电话：010—67004422　传真：010—87155801
http：//www.c-textilep.com
E-mail：faxing@c-textilep.com
中国纺织出版社天猫旗舰店
官方微博http：//weibo.com/2119887771
三河市宏盛印务有限公司印刷　各地新华书店经销
2014年10月第1版　2023年12月第3次印刷
开本：787×1092　1/16　印张：14.75
字数：161千字　定价：36.00元

凡购本书，如有缺页、倒页、脱页，由本社图书营销中心调换

出版者的话

《国家中长期教育改革和发展规划纲要》（简称《纲要》）中提出"要大力发展职业教育"。职业教育要"把提高质量作为要点。以服务为宗旨，以就业为导向，推进教育改革。实行工学结合、校企合作、顶岗实习的人才培养模式"。为全面贯彻落实《纲要》，中国纺织服装教育协会协同中国纺织出版社，认真组织制订"十二五"部委级教材规划，组织专家对各院校上报的"十二五"规划教材选题进行认真评选，力求使教材出版与教学改革和课程建设发展相适应，并对项目式教学模式的配套教材进行了探索，充分体现职业技能培养的特点。在教材的编写上重视实践和实训环节内容，使教材具有以下三个特点：

（1）围绕一个核心——育人目标。根据教育规律和课程设置特点，从培养学生学习兴趣和提高职业技能入手，教材内容围绕生产实际和教学需要展开，形式上力求突出重点，强调实践。附有课程设置指导，并于章首介绍本章知识点、重点、难点及专业技能，章后附形式多样的思考题等，提高教材的可读性，增加学生学习兴趣和自学能力。

（2）突出一个环节——实践环节。教材出版突出高职教育和应用性学科的特点，注重理论与生产实践的结合，有针对性地设置教材内容，增加实践和实训，并通过项目设置，直观反映生产实践的最新成果。

（3）实现一个立体——开发立体化教材体系。充分利用现代教育技术手段，构建数字教育资源平台，开发教学课件、音像制品、素材库、试题库等多种立体化的配套教材，以直观的形式和丰富的表达充分展现教学内容。

教材出版是教育发展中的重要组成部分，为出版高质量的教材，出版社严格甄选作者，组织专家评审，并对出版全过程进行跟踪，及时了解教材编写进度、编写质量，力求做到作者权威、编辑专业、审读严格、精品出版。我们愿与院校一起，共同探讨、完善教材出版，不断推出精品教材，以适应我国职业技术教育的发展要求。

中国纺织出版社

教材出版中心

前言

我国的服装业自改革开放以来得到了长足的发展，从满足国内人民着装需求进而发展到世界服装生产大国。今后的目标是从单纯的加工生产上升到拥有大批自主品牌的服装强国。在这个过程中，服装的品质内涵必将成为推动这个上升的重要因素。而立体裁剪技术是提高服装品质内涵的重要因素之一，显而易见立体裁剪可以在服装的样板制作过程中解决板型的问题。

有关立体裁剪的教材已经有很多版本了，可谓各有特点。本书的着重点在于提示如何应用立体裁剪技术制作服装样板，同时说明一些样板制作原理，以使立体裁剪技术更广泛、更深入地服务于服装企业的产品设计与生产。因此，在书中列举的典型服装品类的立体裁剪范例，均以获取服装样板为目的。立体裁剪本来是一项很实用的服装样板制作形式，如果仅将其视为一种花哨的猎奇造型手法，显然忽略了立体裁剪的本质。要使立体裁剪技术真正地服务于企业，使其实用性全面地发挥出来，必须要有一批掌握实用立体裁剪技术的人，而培养这样的人要从专业训练开始。因此，本书中加入了源自服装生产企业中应用立体裁剪的案例，即"工单应用"的章节和范例，意在能够让学生了解立体裁剪除了在原创设计中的应用以外，在加工型企业中同样有完善板型效果、丰富产品品质内涵的意义，做到在今后的工作中，无论在什么样的企业中都能学以致用。

本书第一作者王凤岐毕业于日本文化服装学院，归国后一直从事服装专业教育工作，同时多年来在服装企业兼职做技术指导工作。感触最多的是：先进的服装CAD设备并不能直接解决板型问题，立体裁剪仍是实现板型目标的最有效方式——因为人体是立体的。立体裁剪技术真正地为服装企业所接受和应用，还需要解决很多问题。本书的初衷就在于，从另一个角度提出立体裁剪的作用与经验，希望能够对大家有所启示。

在教学中，建议由教师首先讲解特定服装品类的造型、常见款式、板型要求、常用材料特点等知识，之后再由教师边示范边讲解。一些复杂的服装品类无法一次完成，可分为衣片、领、袖示范等，分两次完成，以使学生有时间消化当堂内容。并且能够举一反三，按照该服装品类的本质要求，在遵循品类规则的前提下创造出新的服装造型效果。本书内容和顺序大致来自邢台职业技术学院《立体裁剪课程人才培养方案》，其中章节内容相对独立，使用中可以根据各自的课时数量有选择地安排和选用内容。在有条件的院校中，如果将立体裁剪课程、平面结构制图课程以及缝制工艺课程结合起来教学，会有更好的效果。

本书由王凤岐主笔构架。由文家琴编写第二章、第三章；王丽霞编写第四章和第五章中的第三节、第四节；其余章节由王凤岐编写；孙超负责全书的图片摄影和编辑。由于编写者都各有繁忙的科研、教学和其他工作任务，故编写此书均在业余时间进行，足见辛苦，也确实时间仓促，因此书中难免有遗漏和错误，在此恭请专家和同行们不吝批评指正。

本书编写过程中得到了邢台职业技术学院领导、河北丽达服装集团公司领导和技术部的大力支持。在此，编者谨向在成书过程中予以关切和支持的领导和同仁表示衷心的感谢。

编　者
2014年6月

教学内容及课时安排

章/课时	课程性质/课时	节	课程内容
第一章 （2课时）	立体裁剪概述 理论教学/2		·立体裁剪概述
		一	立体裁剪探源
		二	立体裁剪概念
第二章 （4课时）	边讲边练/4		·立体裁剪的准备
		一	人台
		二	立体裁剪的材料与工具
第三章 （16课时）	边讲边练/8		·立体裁剪基础
		一	人台体表
	边讲边练/8	二	原型立体裁剪
第四章 （14课时）	边讲边练/6		·领型基础与袖型基础
		一	立体裁剪领型基础
	边讲边练/8	二	立体裁剪袖型基础
第五章 （28课时）	边讲边练/20		·衬衫立体裁剪
		一	基本型衬衫立体裁剪
	边讲边练/8	二	变化型衬衫立体裁剪
第六章 （12课时）	边讲边练/6		·半身裙立体裁剪
		一	西服裙立体裁剪
	边讲边练/6	二	喇叭裙立体裁剪
第七章 （16课时）	边讲边练/8		·连衣裙立体裁剪
		一	横向分割连衣裙立体裁剪
	实践课/8	二	纵向分割连衣裙立体裁剪
第八章 （24课时）	边讲边练/12		·女上衣立体裁剪
		一	西服领女上衣立体裁剪
	实践课/12	二	变化型女上衣立体裁剪
第九章 （12课时）	边讲边练/12		·连身连袖连帽女式风衣立体裁剪
		一	立体构成
		二	特型样板

章/课时	课程性质/课时	节	课程内容
第十章 （12课时）	边讲边练/12		·工单应用范例
		一	解读工单
		二	立体构成
		三	样板制作
第十一章 （8课时）	边讲边练/8		·创意造型
		一	范例分析
		二	立体构成

本教程共分十一章，总计148课时。各院校可根据自身的教学特点和教学计划节选进行调整。

目录

理论教学——

立体裁剪概述

课题名称： 立体裁剪概述

课题内容： 1．立体裁剪探源

2．立体裁剪概念

课题时间： 2课时

知 识 点： 1．催生立体裁剪技术的时代、社会背景

2．立体裁剪在东西方服饰变革中的比较

3．立体裁剪的应用形态

教学要求： 本章为立体裁剪课程的导入内容，教师选择要点讲授，指导学生收集考证资料。要求学生课后就章节内容提出或正或反的论点佐证。同时介绍本课程的任务和学习目标以及能力要求，使学生对本课程有一个全面了解，做好心理和物质准备。

第一章　立体裁剪概述

　　"知道——认识——了解——掌握"，是人们对事物不同深度层次的认知顺序。对于立体裁剪，要想最终学会并掌握立体裁剪技术，有必要对其产生的背景、发展过程及其应用做一个深入的考证与分析。本章将从立体裁剪的定义、产生背景、应用形态等几个方面对立体裁剪进行叙述，以明确立体裁剪所包含的实质内容。

第一节　立体裁剪探源

　　探究立体裁剪的萌芽与发展，要追溯到欧洲文艺复兴（Renaissance）时期（公元1460~1640年）。在文艺复兴时期以前，即中世纪以前意义上的古代，无论是欧洲人还是亚洲人，所穿着的衣服或披挂或围裹，都是平面的结构形式，即上下衣以及衣服上的领子、袖子与整体服装是连在一起，正面、侧面、背面没有明确的独立结构，并不根据人体的颈部、躯干、手臂、下肢的实际形态去分别构成领子、袖子等。或许它是机能的、舒适的、庄重的，但是显然不能完全展现人体美。从流传下来的历史资料中可以很容易地发现这一点。

一、古埃及服饰

　　古埃及服饰如图1-1所示。

二、古罗马服饰

　　古罗马服饰如图1-2所示。

三、古希腊服饰

　　古希腊服饰如图1-3所示。

四、古代中国服饰

　　古代中国服饰如图1-4所示。

图1-1　古埃及服饰

图1-2　古罗马服饰

图1-3　古希腊服饰

图1-4 古代中国服饰

五、拜占庭式样

拜占庭结构形式的服装，如图1-5所示。人们一直穿用到了15世纪中叶。即使是在当时对服饰文化已经比较讲究的后期拜占庭（Byzantine）式样中我们也可以发现，无论搭配什么样的贵重装饰品，选用多么绚丽的色彩或图案，总是无法真正把人体的造型与线条表现出来，无法改变服装像"口袋"的特性。

图1-5 拜占庭式样

这种形式的服装持续到了文艺复兴时期才得以改观，而这种改观在人类服装发展史上意义极其重大。今天看来，其产生变化的社会基础，是文艺复兴运动所推动的自然科学的发展，给传统的服装理念以强烈冲击的结果，是人们开始用多维的眼光看世界的具体表现。

梳理服装结构形式变革的脉络，北欧哥特式样服装服饰的兴盛，显然是文艺复兴服装式样空前发展的前奏。从哥特式样后期的服装中已经可以看出，服装开始有了更趋合理的分割，有称之为"窄衣文化"的说法。此时的服装不再是口袋状，有了明显的上下装分别，而且内外层衣服有了刻意的搭配，层次感更加鲜明。

六、哥特式样

哥特式样服装如图1-6所示。

图1-6 哥特式样

服装的真正变革应该发生在15世纪中叶至17世纪初期这一时期，也就是文艺复兴的高潮阶段。回溯这期间的社会文化背景可以发现，正是这个时期，在将近200年的社会发展过程中，一批引领各个领域自然科学发展的人物对科学作出了巨大的贡献，他们用多维的眼光看世界，解释自然界。哥白尼（Nicolaus Copernicus，1473~1543年），波兰天文学家，创立了"日心说"，告诉人们宇宙天体是立体的。哥伦布（Cristopher Columbus，1451~1506年）用环球航海告诉人们不再有天涯海角，地球是圆的。米开朗基罗·博那罗蒂（Michelangelo Bounaroti，1475~1564年），意大利文艺复兴时期伟大的绘画家、雕塑家和建筑师，用一个传世之作"大卫"告诉人们，人的身体是这样的。达·芬奇（Leonardo Da Vinci，1452~1519年）等巨匠的油画充满着透视的感觉，让人们眼中的世界成为立体的。正是这一大批时代的弄潮儿所倡导的多维看世界的观念和行为方式，形成了在将近200年的文艺复兴时期的主流新思潮，也启发、引导着人们把这一观念运用到了日常生活的各个方面，自然也反映在穿着的服装上。立体的观念带给服装的变化就是：服装从此不再是口袋状的了，连铠甲都成为不能折叠只能站立的铁质套架（图1-7）。显然，一种符合人类生活的自然科学技术或者意识形态一旦被倡导起来，并有其应用价值，那就肯定是无孔不入的。就如同当今时代计算机的诞生一样，开始人们出于计算的目的发

图1-7 西式铠甲

明了它，现在已经发展为各行各业离不开的工具与技术。

七、文艺复兴时期的服装

在服装发展史的漫漫长河的激流里可以发现这样几朵具有独特风采的浪花：远古时代人们为了生存需求而穿衣，所有可以保暖或遮风雨的东西都成为遮体之物；至中世纪末以前，人们在服装装饰的配件和色彩图案方面不断创新发展，赋予服装审美功能；到了文艺复兴时期，人们开始在服装中融入科学与美学观念，并使之完美结合。从文艺复兴时期流行的装束中（图1-8）我们可以看出，人们从这个时期开始，把原来口袋状的衣服进行了分割裁剪，腰以上部位和腰以下部位先分割后组合，纵向强调了人体比例；单独制作一个领子使之符合人体颈部曲线，或者加以变化来衬托和修饰颈肩曲线；单独裁剪成圆筒形的袖子更符合人体手臂形态，美观而富有机能性；腰部经分割收紧使之紧贴住腰身，充分体现人体线条；用藤条或鱼骨制作的多种形式的装身具大多采用了几何形状，夸张地表现胸、腰及臀部，体现了人们对时代科学的崇尚。这不仅是人们科学地依据人体特征构成服装观念的萌芽，也为服装各个部位的变化设计开拓了广阔的余地。无疑，这些变化都来自于人们用立体的眼光看世界、用多维构成的方式改造社会生活的结果。

图1-8 文艺复兴时期服饰

可以说，在人类服装发展史上，这种服装结构形式的变化是具有划时代意义的，是从观念到技术革命性的进步。而这种观念的进步需要有技术支持，这种支持就是立体裁剪，确切地说是萌芽的、原始的立体裁剪。

从制衣工匠的角度讲，缝制一件合体的服装没有准确的人体尺寸作为参照肯定是不行的，在制作一件既合体又美观的服装的过程中还必须随时比对穿着者的体型特征。上面有关文艺复兴时期服装的几张图片并非一般百姓的装束，这样优美但不适合劳作的服装首先是贵族特权的象征。那么贵族们是否有那么充裕的时间供制衣工匠们去比对自己的身体？显然没有。这可能是当时摆在制衣工匠面前前所未有的难题。然而身处社会下层的制衣工匠无疑适时地发挥了劳动人民的无限智慧。或用藤条编制，或用圆木刀砍斧凿，人体的替代品——制衣用木雕或藤编人台应运而生（图1-9）。在人台上缝制服装不仅给制衣者提供了极大方便，更对稳固服装的时尚观念起了积极的作用，着实功德不小，或许当时是粗糙简陋的，但后辈制衣工匠，包括现代的服装设计师、样板师以及所有穿衣服的人们而言，都足以为此而欢呼庆幸。

图1-9　藤编人台

关于人台的由来，至少有三种说法：一种说法是在公元前1350年的欧洲Tutankhamen国王的坟墓里发现过木头雕制的人体躯干模型，但作为制衣用人台不太可信。另一种说法为起始于13世纪的藤编的人台（日本文化出版局《服饰词典》），似乎与服装结构形式的变迁节奏不太相符。比较可信的说法是荷兰在公元1570年首次有文字记录的Mannekijn（人体模特）。荷兰语的Mannekijn，从字词字义上与英语的"mannequin、manikin"十分接近，是真正意义上的服装用人台。而且它所处的年代是16世纪末，正是文艺复兴的鼎盛时期，应可以作为立体裁剪萌芽产生的佐证。

经过几个世纪的变迁，伴随着立体裁剪技术不断成熟，原来的人台从粗糙简陋的藤条编结和刀劈斧砍的简单象形体变成了当今轻便、足以展现人体特征、用途广泛的立体裁剪用人台，如图1-10所示。立体裁剪技术也从只适合单体服装的裁缝制作，逐步演变成了可以采取样板制造、指导批量服装生产的成熟技术。

改革开放带来了成熟的立体剪技术。尽管在中国的制衣行业里，广泛地应用立体裁剪技术还需要一个过程，但了解立体裁剪的渊源，知道它的意义和分量，必将对提高我国服装工业技术水平有一个极大的推动作用。

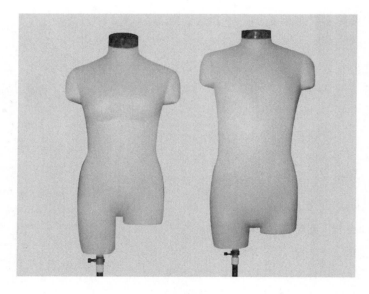

图1-10　现代人台

第二节　立体裁剪概念

一、什么是立体裁剪

立体裁剪，顾名思义是立体状态下的服装构成形式。是依据人体或者人体的代用品——人台，在立体状态下通过分割、折叠、抽缩、拉展、缠裹、堆积等技术手法，实施分割和构成省缝、皱褶、垂褶、波浪等效果，完成服装衣片的结构设计，是相对平面结构设计而言的另一种制作服装样板的技术手段。立体裁剪这一过程，既是按服装设计构思具体制作服装样板的技术过程，又包含了从美学观点出发具体审视构思服装的设计过程。立体裁剪可以直观地体现"型"的概念。

（一）立体裁剪的三个特征

1. 具有考虑成熟的目的意图或者有工单图纸指导

在进行立体裁剪操作之前，通常应先有设计图纸作为实施立体裁剪的依据，至少要有一个整的目的意图。知道要通过立体裁剪做成一件什么作品，而不是想到什么就做什么，做到哪里算哪里，做成什么样算什么样。诚然，无明确目的的立体裁剪操作偶尔也会迸发出令人意想不到的惊喜效果，但是仅指望偶然显然不是立体裁剪的初衷。

2. 要经过"裁剪"步骤

不使用剪刀进行裁剪和分割，仅仅将布料在人台上做一些围裹披挂来制造一些造型，不能称为真正意义上的立体裁剪。立体裁剪是一定要经过"裁剪"步骤的

（图1-11）。

3. 以样板制作为目的

立体裁剪的目的是采取服装样板，不以采取样板为目的或者根本就无法采取样板的立体构成操作，无助于服装制作生产，不能称之为真正意义上的立体裁剪。不能完整展现立体构成效果的操作同样也不能称为立体裁剪（图1-12）。

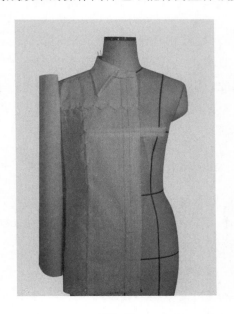

图1-11

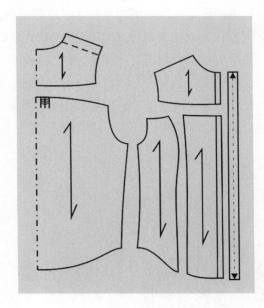

图1-12

（二）立体裁剪与立体构成的区别

为了明确立体裁剪的定义，有必要用一个排除的方法，把出于采取服装样板为目的的立体裁剪与非采取样板为目的的其他立体构成区别开来。

通常，我们不把一些用服装材料在人台上所做的立体构成称为立体裁剪。虽然它也是一种立体构成形式，用于橱窗展示，可以充分显示纺织材料的制衣和穿着效果，但是它不是出于制作服装样板的目的而做的立体裁剪。这种立体构成根本不经过剪刀的裁剪，也不能取得服装样板，对服装生产尤其是工业化生产毫无意义。我们可以将其称为"针功、针技、针艺"（图1-13）。它与立体裁剪是两个完全不

图1-13

同而又极易混同的概念。正确地认识立体裁剪必须首先把这两个概念区别开来。

在很多情况下有些初学者，因为不了解立体裁剪与"针功"之间的区别，曲解了立体裁剪的真正内涵，使立体裁剪这种很实用的样板制作手段被误解为只能做橱窗装饰用的一种手法。这不仅仅是失去了一种制板方法，更造成了从内向外解读人体与服装关系途径的缺失，无从真正地领会"板型"的要领，实在是件非常遗憾的事。

立体裁剪是一项实用造型技术，它除了直接用于服装样板制作之外，还可以帮助样板师充实样板理念，是精准的样板制作技术的支撑。尽管它有自由发挥表达创意的便利之处，但是用于服装商品生产才是它的根本属性。只求花哨不讲样板质量，甚至根本不取样板的立体构成，是偏离立体裁剪原有意义的。因此，用一些针把布料堆在人台上再做上几个花便以为是立体裁剪了，实际上是把"针功"立体构成与立体裁剪的概念混淆了，是错误的。认识立体裁剪，首先要辨明两者之间的区别。

图1-14

（三）立体裁剪与平面结构制图的区别

这里需要举个例子：如果我们想为这个橘子制作一件"合体"的布料衣服把它包起来，有两种方法能够获得橘子表皮的样板。

1. 包橘子

步骤一：测量该橘子横向围度L和纵向围度L'（图1-14）。

步骤二：将L作为橘子横向围度尺寸，分为四等份、六等份、八等份或者更多等份，取L'的$\frac{1}{2}$为高度尺寸作图（图1-15）。

步骤三：按照图1-15的样子裁剪布料，然后缝合起来包裹到橘子上去。

对应制作服装样板而言，这种方法就是"平面结构制图"形式。

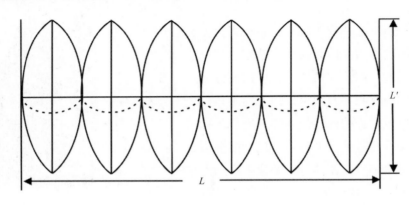

图1-15

2. 剥橘子

步骤一：把橘子皮任意地撕开剥下来，铺平（图1-16、图1-17）。

图1-16

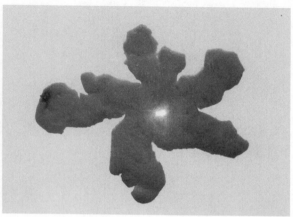

图1-17

步骤二：按照剥下的橘皮形状复制一个样板（图1-18）。

步骤三：按照样板的形状裁剪布料，缝合起来包裹到橘子上（图1-19）。

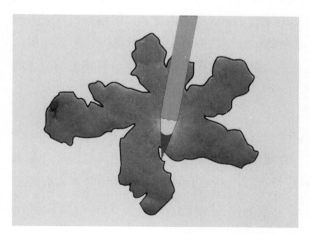

图1-18

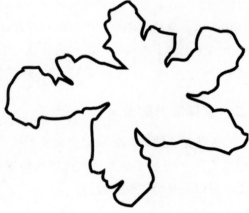

图1-19

这样就可以发现同样包裹橘子两种形式的不同效果（图1-20）。

对应制做服装样板而言，这种方法就是"立体裁剪"形式。笔者初学立体裁剪时，入门的练习是包石头，反复练习与体会之后，感觉包橘子的方法更直观，更容易理解，也快捷得多。

比较而言，目前国内用"包橘子"的方法来制作服装样板应用极为广泛，因为它比

图1-20

较方便。橘子的模样都差不多，测量出尺寸以后，只需要按照常规公式进行数学运算就能画出样板。学习起来比较容易，工具也比较简单。但是这种方法的缺陷在于它只限于规律地分割橘子，分割的方法不能随心所欲，而且要忽略橘子自身一些不规则曲面的微妙变化，不能保证所有位置都紧密贴合。

"包橘子"的方法可以最大限度地使表皮贴合橘子，展开的样板还可以充分解析橘皮与橘瓣的内在联系。分割线变化被拓宽，公式与定寸在这里不再重要，图示的模样成为图1-19所示。它的局限性在于虽然可以保证紧密的贴合以及拥有丰富多样的分割形态，但从一个橘子上剥下的橘皮一般只适合这一个橘子，如何加大样板的覆盖率，需要更深层次的研究。

二、立体裁剪的意义

人体是立体的，如果想使服装更科学、合理地表现人体美，并使之更具机能性，那么依据人体，用立体的方式来设想和构成服装是理所当然的合理方式。说到立体裁剪的意义，可以综合为三个方面。

（一）影响服装结构形式的变迁

在世界范围的服装发展史上，通过比较东西方相同历史年代所对应的服装发展情况，可以说是欧洲人更早地意识到了立体构成服装的形式。在西方，尤其是以文艺复兴时期为主要发展阶段，以当时女装中贵族女性服装为典型，在立式花边领；改连身袖为绱袖并加以造型上的夸张；分割衣片收腰；利用装具物夸张臀部及裙摆等典型的造型形式，都表现出了用立体构成服装表现人体美的强烈追求。当时，在缝制服装的工匠中间，已经出现了替代人体用于比对服装缝制效果用的木雕人台或藤编人台，尽管简陋，但可以说这是服装发展史中，体现人们试图依据人体来立体构成服装的原始形式了。立体裁剪对服装的发展变迁起了支撑和推动的作用。历经几个世纪的演变，其至今已经成为成熟的制板方法。在改革开放之后，随着外资服装企业的制板方法和样板观念的涌入，国内立体裁剪技术制作服装样板才有所应用，但是还局限在一个较小范围内。有时样板师会对"欧美板型"感觉既欣赏又困惑，很大的原因就在于理解样板与人体关系的角度不同。因此，对于这样一种有助于提高样板水平的技术手段，很有学习和应用的价值。尽管我们接受这个概念和技术相对较晚，但立体裁剪已是源远流长，我们有急起直追的必要。

（二）更新样板理念

立体裁剪的意义还在于它可以帮助我们从另外一个角度建立样板观念。平面结构制图是从人体的外部来考虑如何用平面的服装材料去对应和包装一个立体的人体，更多的是需要凭借经验计算尺寸。立体裁剪则是，你可以紧贴着站在人体的代用品——人台的后面，把自己当作这个人台，端详着人台去考虑"我"需要一个什么样的包装。两者相比，平面结构制图是"由外向内"的思考方式，立体裁剪则是"由内向外"的思考方式。一种是"套上去的"，一种是"长出来的"。两者既有着相辅相成的关系，又有不同的微妙区别。我们的确看到很多老师傅在制板上应用平面结构制图的方法也可以把服装做得很好，可是在实际中要能够做到这一点往往需要很多年积累出丰富的制板实践经验。所付出的长期努力终成正果固然值得骄傲，但花费的时间代价也实在令人惋惜。而且还经常是知其然不知其所以然，能做但是讲不出道理。立体裁剪就是帮助制板人员解决这个问题的。一个可以称为高手的样板师，当然需要平面、立体两种方法都精通，勤于对照，勇于换位思考。衣服是穿在人体上的，而人体不仅是多维的、立体的，还会随着人体的头颈、躯干、手臂、下肢各个部位关节的运动，产生肌肉与皮肤的不定量伸展。要想使服装穿着舒适美观，当然要依据人体动作所需要的机能性去制作。对此，除了立体裁剪似乎别无他途。

（三）提高制板水平

通过立体裁剪至少能很方便地解决三个方面的问题：

1. 余量究竟留在哪里

无论是已经有了相当丰富制板经验的师傅还是初学乍练的徒弟，应用或学习立体裁剪技术的同时，都需要了解一些人体工程学方面的知识。服装是包装人体的，那么人体是什么样的？有多少块骨骼、多少条肌肉？随便一片样板对应人身上的哪一块骨骼、肌肉？人体活动时该部位的肌肤伸展尺度如何？在该部位上留出多少余量才能满足衣服的机能性要求？静态与动态时该部位曲面特征如何？想要保证服装的舒适美观，对这些需要有个大致的了解。最好做一个身体测量（让一位人体模特做些常见动作测量一下肌肤伸展数据），把一些数据熟记在心。我们都知道制作服装样板时要留出服装和人体之间的余量。这个余量的大小凭经验可以做得很准确，但究竟留在什么部位却是平面结构制图的方法所不太容易把握，也不容易判断的。因为在台案上平放的样板显示不出它所对应的服装与人体的贴合部位和活动部位的准确对应位置。而应用立体裁剪时，人台上的纺织材料如同穿在人身上一样自然下垂，余量的位置和美观程度一目了然，很容易控制，也就很容易保证穿着效果。精品与粗货的差别往往就体现在这些细微之处，服装商品的价值也往往就被这类板型因素所制约。所以，如果舍弃直观而精准的立体裁剪技术，的确如同放弃了对捕捉板型灵魂的追求。

2. 提高样板覆盖率的意义

服装商品面向的是大众消费者，而消费者的身材体型各不相同。为此，服装生产企业当然会制定针对各种身高体型的几个或者十几个号型标准。但常见的情况是许多顾客或者胸围尺寸相同但肩宽尺寸不一致，或者肩宽尺寸一致但胸围尺寸又不一致，即使都一致了，还有个浑圆体型与扁宽体型的差别。这就要求每个号型的样板拥有尽可能大的覆盖能力，即样板覆盖率。样板覆盖率通常通过调整两宽一围（肩宽、背宽、胸围）的尺寸来提高。而在不改变款式效果的前提下提高样板覆盖率，立体裁剪无疑是非常直观、便利的快捷方式。围度尺寸概念与所形成的空间变化结果很鲜明地展现在操作者面前，操作者可以比较容易地用最小的改动达到提高样板覆盖率的目的。忽视这种技术方法也就相当于容忍了样板覆盖率的低下，脱离了追求精品的目标，也就无所谓品位可言了，更不必说板型风格了。

3. 立体裁剪体现技术美

在所有类别的产品设计中，技术美向来是衡量产品质量内涵的指标之一。服装产品首先由人的视觉感官来判断，其技术美自然也是毫无遗漏地展现在人们眼前。它可以表现出设计者的奇思妙想和制板者的造型水平。纺织材料任由设计、制板人员利用其材料的垂感和张力创造各种造型和肌理效果，有些造型手法在平面结构制图中操作很复杂、很困难，且难以判断效果，那么立体裁剪就成为表现技术美的最好方法。

如图1-21所示，该款采用交叉收褶的方法处理胸省量，若用平面结构制图的方法（图1-22）就比较困难，不能预知效果。而如图1-23那样就可以直接在人台上整理出想要的效果。

图1-21

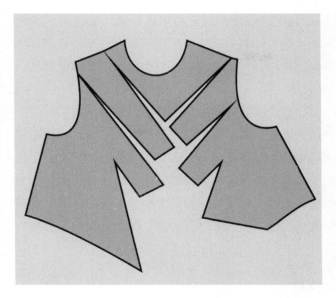

图1-22

图1-23

三、立体裁剪在实际生产中的地位

　　在服装产品的生产与流通过程中，正规的服装企业基本上都遵循着如图1-24所示的基本程序。

　　比较了解这些流程环节内容的人们会知道，有了描述设计意图的图纸或者表达产品信息的工单之后，首先要制作该产品的中心号样板。制作中心号样板无非有两种形式：平面结构制图和立体裁剪。

　　平面结构制图，通常采用成品尺寸按照常规比例分配尺度的方法构成裁片样板。比例法是一种比较直接的平面结构制图方法，在测量人体主要部位尺寸后，根据款式、季节、材料质地和穿着者的习惯等因素加上适当放松量得到服装各控制部位的成品尺寸，再以这些控制部位的尺寸按一定比例公式推算其他细部尺寸来绘制服装结构图，甚至可以直接在面料上画图裁剪。在购买服装时，如果看到其号型标准标示为"M、L、XL"等，则多为比例法制板。它通过"平面（制图）→立体（试缝确认）→平面（修正）→立体（成衣缝制）"这样一个过程完成样板制作。

　　立体裁剪，则是依据穿着对象的尺寸标准选择人

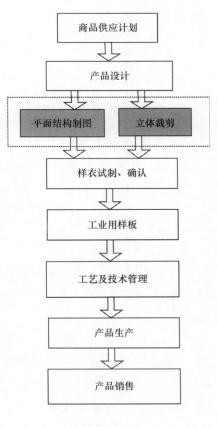

图1-24

台，根据需要加入余量直接在人台上构成裁片，将裁片展开后拓取样板。它通过"立体（裁片构成）→平面（拓取样板）→立体（成衣缝制）"这样一个过程来完成样板制作。因为立体裁剪是很直观地按照造型要求构成裁片，在立体构成过程中便实现了试缝确认，它比平面结构制图减少了一个"制图"环节。

无论哪一种方法，都可以实现制作中心号样板的目的。立体裁剪与平面结构制图处于同样的环节位置，但立体裁剪有直接表达立体美、体现板型效果的特点，这是它的优越之处。立体裁剪在实际生产中可以与平面结构制图并驾齐驱，作用相等，目的一致。打个比方说，西方人吃饭用刀叉，东方人用筷子，本来都可以吃饭的，但是如果西餐、中餐都想品尝的话，就需要筷子、刀叉都会使。现在世界上的服装结构几乎难辨东、西，那么能同时掌握两种方法，对于一个有心精研样板制作技术的人来说，掌握立体裁剪制板技术殊为重要。

四、立体裁剪在服装知识结构中的位置

简单地说，一件服装的形成，大体是由设计、制板（裁剪）、缝纫三个环节来完成的。如果把三个环节所对应的知识结构排列起来并且做一个划分的话，可以显示出服装设计人员与服装样板技术人员各自所偏重的知识结构（图1-25）。

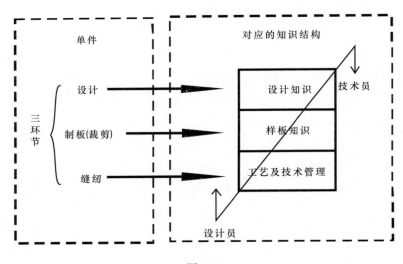

图1-25

服装设计人员需要掌握尽可能多的服装设计知识和技能，一定的样板知识与技能以及足够保证设计意图得以实施的部分缝纫工艺知识（图1-26）。

样板技术人员则要求有尽可能多的工艺技术知识，一定的样板知识与技能以及足够保证准确完成设计意图的部分设计知识（图1-27）。

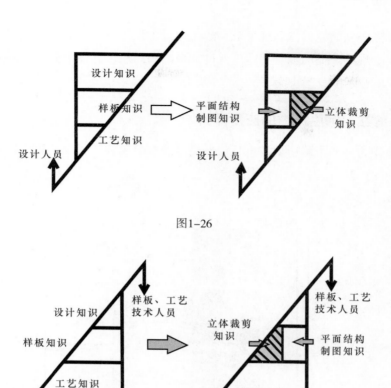

图1-26

图1-27

其中重合最多的部分，也就是共同要求的样板知识与技能所占的分量一样多。平面结构制图与立体裁剪交叉使用时，立体裁剪在服装设计、制板（裁剪）、缝纫三大环节的分量就如图1-28所示。

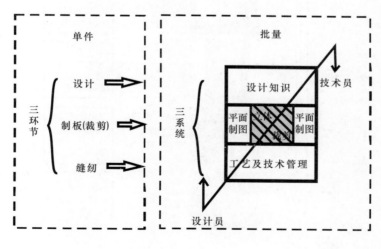

图1-28

在一些讲究产品的原创性和规模较小的公司里，设计员与样板员的工作往往是合二为一的，那么要实现设计员的创意意图、保证样板的高品质，立体裁剪就显得尤为重要，甚至要超过图中所标示的分量。

五、立体裁剪在实际生产中的应用形式

立体裁剪作为一项服装造型技术，理所当然地要应用到产品设计和样板制作当中。它的应用形式如图1-29所示。

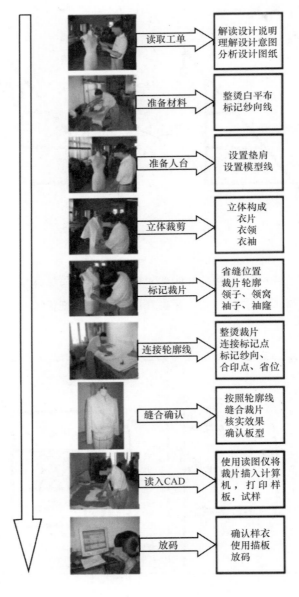

图1-29

六、立体裁剪的延伸内涵

在实际生产中，一般样板师按照图纸完成中心号样板的制作任务即可。应用立体裁剪制作样板的话，完成图纸分析→人台补正→材料整理→立体构成→裁片标志→绘制展开图轮廓线→拓取样板等这样几个步骤。如果是初学者或者从研究样板的角度上讲，把裁片归整起来，调直纱向，拼合在一起，然后在衣片轮廓上将制图辅助线补画完整，或应用原型，或运用四、五、六分法的尺寸分配原则，填写公式和定尺寸，就可以形成完整准确的平面结构制图。这就是参考制图的制作方法。

1. 裁片组合

将裁片纱向调直，关键连接部位的合印点对合在一起（图1-30）。

2. 加入辅助线

按照制图的需要，在必要的位置上加入辅助线（图1-31）。

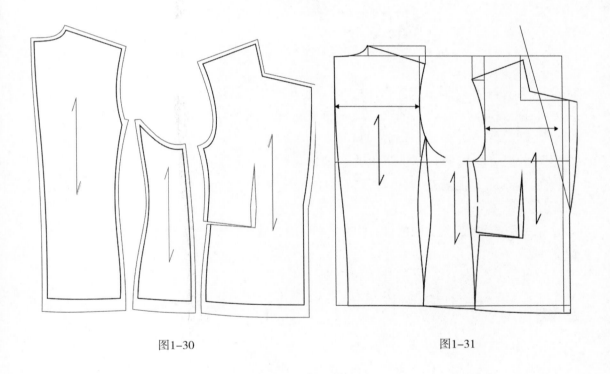

图1-30　　　　　　　　　　　　　　　　　图1-31

3. 填入公式或附排原型

或应用原型，或填入公式，按照"先公式→后比例→再定寸"的顺序原则，在辅助线上合理选择起始点，填入公式，标明比例，设置定寸（填入基于原型所加放的尺寸，此处略）。应达到能够让其他人根据提示绘制出结构制图的程度（图1-32）。

如果是不准备研究该图纸，服装生产中的样板制作就没有必要绘制参考制图。但作为初学者或者出于研究的目的，绘制参考制图可以用来印证在平面结构制图

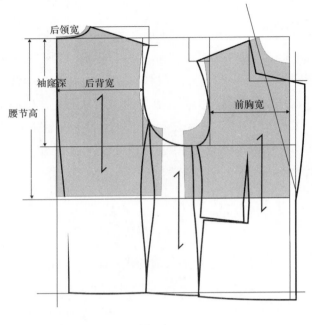

图1-32

课程中所学到的各种计算公式，这是一个印证平面结构制图的过程。我们在一些服装专业的书刊上所见到的图纸，几乎都是这样得来的。如果能够自己绘制平面结构制图，那么自然能够解释公式和尺寸的出处。经常练习用立体裁剪制作参考制图，会逐渐地把对样板的感性认识上升为理性认识。开始的时候会有"原来如此、恍然大悟"的感觉，随着更深入的印证比较，对样板的理解可以达到"境界"层面的提升。

本章为阅读篇，无实践项目。在读过书中内容后，可自行考证一下有关立体裁剪的起源、发展、应用形态等方面的资料。

思考题

1. 立体裁剪产生的背景。
2. 如何理解立体裁剪与平面结构制图之间的差别。

边讲边练——

立体裁剪的准备

课题名称：立体裁剪的准备

课题内容：1．人台

2．立体裁剪的材料与工具

课题时间：4课时

实践项目：1．贴附模型线

2．工具与材料准备

知 识 点：1．模型线与人体曲面的关系

2．人台的补正方法

教学要求：介绍人台的有关知识，并做好实施立体裁剪前人台的
准备工作。在教师的指导下，每位学生选好人台并设
置好模型线。介绍实施立体裁剪所需使用的材料和工
具。结合教师的解说与操作示范，学生练习工具的使
用方法，备齐材料，做好立体裁剪的准备工作。

第二章 立体裁剪的准备

在实施立体裁剪之前，需要做好两方面的准备工作：一是替代人体用的人台，二是立体裁剪用的材料与工具。这是实施立体裁剪的前提条件。为了使读者对立体裁剪用的工具与材料有一个较全面地了解，本章将从人台的产生过程开始，介绍人台的选择、使用方法等内容，并就立体裁剪所需工具及其用途做尽可能详尽的介绍。

第一节 人 台

立体裁剪可以在人体上进行，但是因为具体的某个人体的尺度和体态有其局限性，在操作上也受制约。因此，工业化生产中所应用的立体裁剪都是在人体的代替品——具有较高人体尺度覆盖率和体态包容性的人台上进行的。所以，人台是立体裁剪不可缺少的用具。

一、人台的种类

如果做一个简单的划分，人台可以分为工业用人台和裸体人台两种。

（一）工业用人台

所谓工业用人台，是指服装设计生产企业为自己的产品生产特制的人台。企业为了使自己的产品在产品风格、板型特点、规格标准以及所针对的消费群体的体态特征等方面保持其一贯性，而要求人台生产厂家特别制作的。几乎每个服装公司所使用的人台都不一样。工业用人台并非单指加放了余量的人台，实际上有些工业用人台反而减少了余量。譬如一些内衣生产厂家所用的内衣专用人台，因为需要测量人体某些部位的肌肤在受到适度压力的时候所产生的收缩程度，所以在人台的一些部位减去了一定尺寸（图2-1）。又譬如大衣、风衣类生产厂家所用的人台，要考虑该着装季节人体穿上毛衣时的实际体积。工业用人台最大的特点是具有服装种类指向；消费群体的体态特征指向；板型风格和批量生产要求。

所以一般冬装用人台和内衣用人台尽管在形态和尺度上有很大区别，但是都具有上述特定指向，都可称为工业用人台。

（二）裸体人台

裸体人台也称净体人台或学习用人台（图2-2）。这种人台最大限度地保留了人体特征，没有加放余量或只在胸围上加放了很小的余量。它的目的是让使用者从根本上去认识人体曲面特征，以便把握人体与服装、人台与样板的关系，是最适合学习与研究立体裁剪技术的人台。要在裸体人台上完成不同季节服装的立体构成过程是件有挑战性的工作，对把握人体与服装的关系、样板的原理有很大帮助。所以，从应用的目的上来说，初学者应使用裸体人台来学习立体裁剪。一旦掌握了在裸体人台上完成各种服装造型的立体裁剪的技术，再去使用工业用人台就会得心应手。这就是为什么人们在学习立体裁剪技术的阶段采用裸体人台的原因。

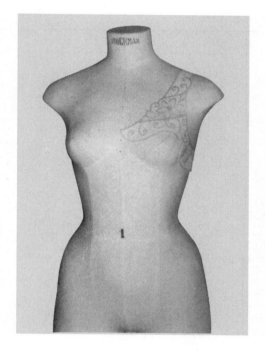

图2-1

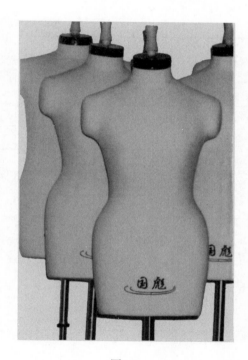

图2-2

因为专用的人台很多，因而关于人台的种类划分也有很多种方法，如果把每一种有专用用途的人台都作为一个种类，那么内衣用的、外衣用的、夏装用的、冬装用的、西服用的、裤子用的、连衣裙用的、欧码的、国标的、男性用的、女性用的、少儿用的、年轻人用的、中老年用的……人台的分类太多了。根据人台的性能特征将其分为裸体人台与工业用人台，最为简单明了。

服装立体裁剪专用的人台须是白色的，而且设置在人台上的模型线宜选用深色。这是因为在实施立体裁剪时可以透过白坯布比较清晰地辨别模型线标记位置，便于准确地表达设计意图。

二、人台的设计制作

服装产品指向不同的消费群体，自然要使用不同的人台，有针对性地设计制作专用的人台就成为成熟企业的必须之举。

制作人台通常是这样几个步骤：

（一）依据企业产品的消费群体确定详细的尺寸标准

按照性别、年龄段、体型体态特征、不同季节产品的尺寸差别等因素，详细地分析与确定号型尺寸范畴。遴选出覆盖率最高的号型数值，据此确定中心号型尺寸，见表2-1。

表2-1　A体型身高与胸围覆盖率

胸围（cm）	身高（cm）					
	155	160	165	170	175	180
	比例（%）					
72	0.58	0.94	0.74			
76	1.31	2.78	2.90	1.48	0.37	
80	1.70	4.75	6.51	4.40	1.46	
84	1.28	4.70	8.49	7.54	3.29	0.70
88	0.55	2.69	6.41	7.49	4.30	1.21
92		0.89	2.80	4.31	3.26	1.21
96			0.71	1.44	1.43	0.70
100					0.36	

注　摘自国家标准GB/T 1335.1—2008。

（二）选择模特并扫描人体

根据拟定的中心号型尺寸，遴选具有典型体型体态特征的人体模特。这里需要注意的是，在选择模特时宜选择扁宽体型的模特。因为依据扁宽型模特体型特点所制作的服装样板，较之依据浑圆型模特体型特点所制作的样板，其覆盖率高。在模特身上要标记测量点，然后使用三维人体扫描仪设备进行人体扫描（图2-3）。

（三）建模进行立体打印

将三维拍摄的人体图像解析为三维人体图形。按照所需人台形态进行部位修整，保留产品品类所需的躯干或其他肢体部位，建立基于人体的数码人台模型。此时需要依据人体工程学中所提倡的"最大最小"原则，以人体正面中心线为纵向、以膈肌位置为横向，做分割镜像建模，使扫描所得到的三维人体数据集左右对称。在有了建模图形之后即可通过快速成型设备将其打印成制作人台所需的立体模型。这是制作人台基准模型的过程（图2-4）。

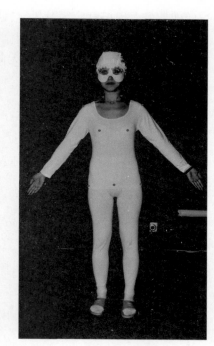

遴 选 模 特　⟹　标 记 与 数 据 记 录　⟹　三 维 人 体 扫 描

图2-3

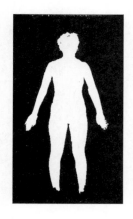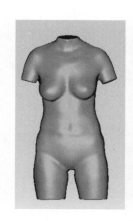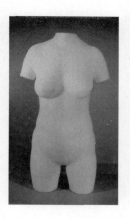

解 析　　　　　　建 模　　　　　　　快 速 成 型

图2-4

（四）基型修正

人台基准模型还不能作为最终的人台，需要先将其脱模为石膏形体，再在石膏形体上进行修正（图2-5）。这个修正的过程是融入板型特点的关键。需要对人体骨骼关节、生理曲面做最严谨的判定与分析，同时融入人体体表肌肤伸展测试数据和最大肺活量等尺度因素。然后确定该人台最终被用作裸体人台还是有具体服装品类指向的工业用人台。若被用作工业用人台，可根据所对应的具体服装品类所需要的形态要求等确定人台的最终形态。可以说这是人台制作过程中最为关键的一步，它直接影响样板效果。在石膏人台上实施立体裁剪操作很困难，但在这个阶段里做裁片实验并且由活体模特进行试穿验证是非常必要的。

（五）置换材料制成人台

将快速成型后的人体模型置换为具备立体裁剪操作时能针刺固定裁片的其他材料的人台坯型。如图2-6所示的纸浆制品材料。在置换好的模型坯型上包裹覆层针刺棉和表皮材料，安装好支架，即可以得到人台了。这时产生的人台，是三维立体裁剪软件中数码人台的母型，也供产品检验时的板型验证之用（图2-6）。产品设计和样板验证所用的人台理应与验货用人台一致，这是保证实现设计意图的需要。在一些有长期合作关系的品牌服装公司与加工厂之间，验货人台是由加工方提供的，原因即在于此。

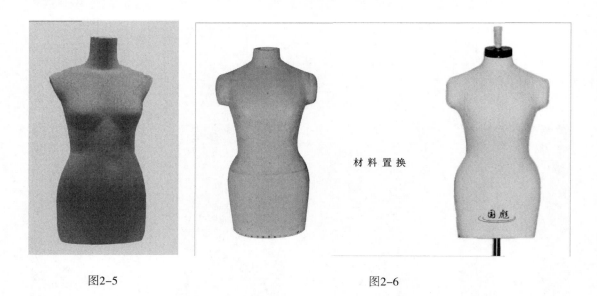

图2-5 图2-6

需要强调的是，人台已经不是什么新鲜事物，国内人台制作工艺已经趋于成熟。但是针对不同企业生产不同产品，要维持企业独有的板型风格或者针对特定年龄段的消费群体，人台是需要另外专门设计开发的。中老年人的体型通常会比年轻人胖一些，服装也要相应地加大围度尺寸，但绝不是年轻人标准体型的成比例放大。人体的脂肪分布随着年龄的增长而发生变化，又因为服装的风格流派不同，人台不可能为统一标准。所以，使用者不要被所谓"标准人台"所迷惑，因为根本就不存在"标准人台"。人台是人体的代替品，而服装行业所用的人台是对应不同人种、性别、年龄段的，而且不同的服装对人台有不同的要求，没有哪一种人台是万能的，因而也就没有标准。各企业应根据自己产品的消费群体指向需要来开发设计人台，这是留给人台设计工作者的一项长期任务。

（六）人台的未来发展趋势

随着计算机等高科技技术不断应用到服装生产之中，未来三维立体裁剪CAD必将普及。简单地说，就是再次扫描立体裁剪用人台，得到人台的模型数据集。由此得出的人台建模形成数码人台（图2-7），在数码人台的外面附加一个相当于贴体服装的点云层，即可在点云层上进行分割。而分割出的裁片可以展开为中心号样板。现在一些服装CAD软件公司已经开发出三维立体裁剪软件，将针对特定人群体型的数码人台植入到已有的三维立体裁剪软件之中，即可得到具有特定品类服装专用的三维立体裁剪软件了。

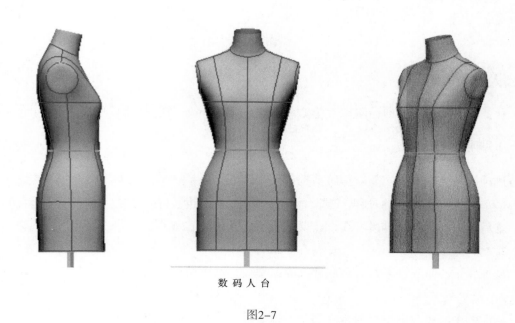

数 码 人 台

图2-7

借软件即可取代立体裁剪的手工操作，使用三维立体裁剪软件通过计算机完成立服装的裁片分割与结构设计。现在的软件已具备"衣板放码"和"描板放码"两种放码功能，如能与绘图设备或样板切割设备结合使用，那么完成服装结构设计、样板制作、放码以及样板切割的一系列工作，都可以在同一台计算机设备上完成，极大地提高了工作效率，同时更能保证样板的准确程度。原本手动操作的样板制作技术就与服装CAD设备融为联动的一体了，成为最快捷、始终可以保持特定板型风格、维持准确号型尺度的样板制作方式。显然，这是最合理的样板制作方式（图2-8）。

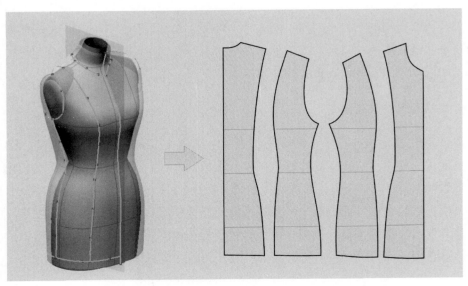

三 维 立 体 裁 剪   展 开 样 板

图2-8

三、人台的准备

在实施立体裁剪之前需要做一些准备工作，这些准备工作包括两方面的内容。

（一）贴附基准模型线

这项准备工作是为实施立体裁剪提供一个基准，也是一个认识人体体表曲面特征和划分人体部位的不可缺少的过程。首先，要选择一个人台组装好，使之与地面保持垂直的姿态，之后贴附人台的基准模型线，建议顺序是先纵向后横向。

1. 前中线

从前领中心垂直向下至人台底部贴附模型线，贴实贴牢（图2-9）。

2. 后中线

从后领中心垂直向下至人台底部贴附模型线，贴实贴牢（图2-10）。

3. 侧缝线

在胸围高度，用皮尺从前中线量至后中线，取 $\frac{1}{2}$ 处靠前一点垂直向下至人台底部贴附模型线（图2-11）。

4. 前身公主线

先做右半身，从小肩 $\frac{1}{2}$ 处向前中线略带内弧至乳高点，再略带内弧顺至腰围线，之后呈略带外弧贴至臀围高度，最后垂直向下直至人台底部。正面观察时右半身线条略呈 S 形趋势（图2-12）。量取右身各部位尺寸后对应左半身位置用针标记，线条呈反 S 形，对照确定线条位置。

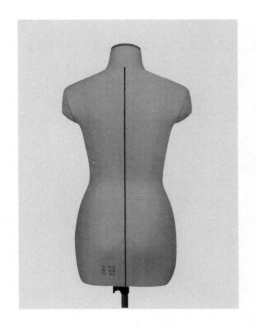

图2-9

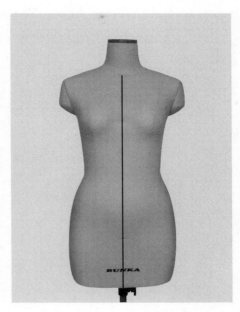

图2-10

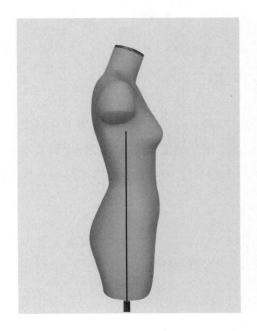

图2-11

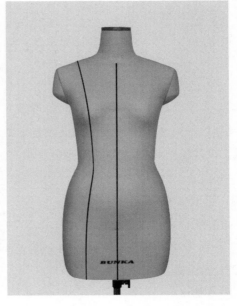

图2-12

左、右半身的公主线应对称设置。可在等高的位置上先量取右半身现有尺度，再对应于左半身，用针在量取的位置上做好标记，之后按照标记设置左半身的公主线（图2-13）。

5. 后身公主线

从小肩 $\frac{1}{2}$ 处与前身公主线接顺，向后中线略带内弧至肩胛骨凸起处，再略带内弧顺至腰围线，之后呈略带外弧贴至臀围高度，最后垂直向下直至人台底部。背面观察时右半身线条呈S形趋势（图2-14），左半身线条呈反S形趋势。

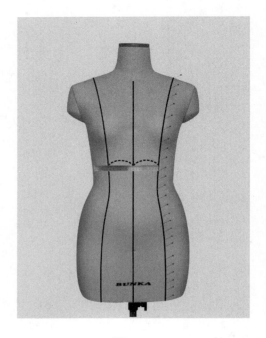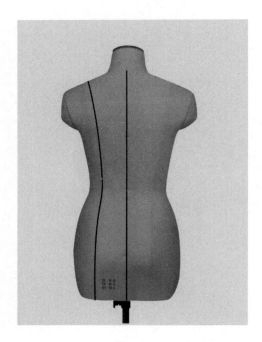

图2-13　　　　　　　　　　　　　　　　图2-14

后身左、右半身的公主线应对称设置，方法与前身同。在等高的位置上先量取右半身现有尺度，再对应于左半身，用针在量取的位置上做好标记，之后按照标记设置左半身的公主线。 这里要特别注意前后身公主线在小肩上圆顺结合，不可出现错位或者尖角形状（图2-15）。

6. 颈围线

沿颈围一周贴附模型线，后领中心左右5～6cm范围内为一条水平线段（图2-16）。这里要特别注意领围线与肩缝线的交点应处在领围线的最高处，还要核实一下肩线最外一点是否处在袖山弧顶最高点。

7. 肩缝线

从颈侧处最外点至肩部臂根截面最高点之间贴附模型线（图2-17）。

8. 胸围线

使用游标高度尺量取与乳高点等高的胸高线上各点，用针标记并沿标记点水平贴附模型线（图2-18~图2-20）。

图2-15

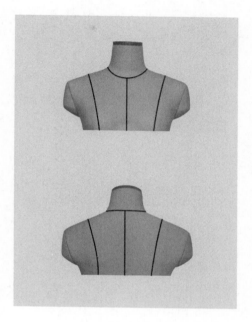

图2-16

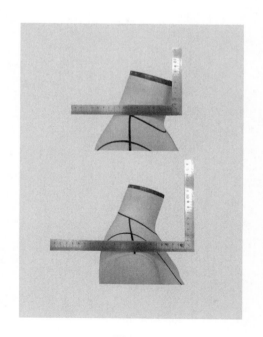

图2-17

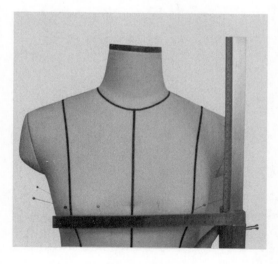

图2-18

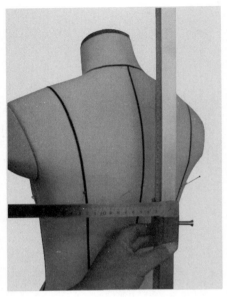
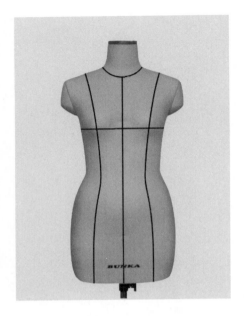

图2-19   图2-20

9. 腰围线

使用游标高度尺，量取与后腰节点等高的腰围线上各点，用针标记出等高位置，沿标记点水平贴附模型线（图2-21）。

10. 臀围线

量取臀围高度，或者从腰围线前中点向下18～20cm，沿水平高度贴附模型线（图2-22）。

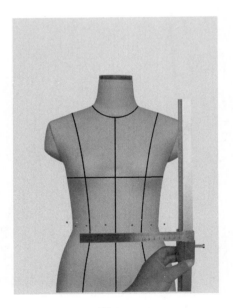
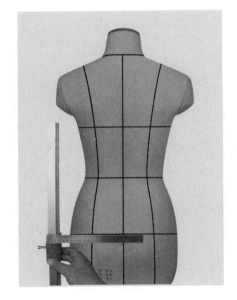

图2-21   图2-22

11. 完成贴附模型线的人台（图2-23）

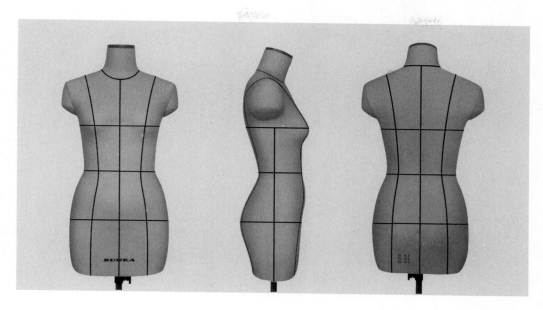

图2-23

以上是基准模型线的贴附方法。这些线条把对应常规服装分割的部位在人台上划分为几个对称的曲面，它对于认识人体曲面特征非常重要，不可以掉以轻心，简单随意地设置。前、后中线的设置，如果出现歪斜，将影响左右样板的对称程度；胸围线、腰围线、臀围线如果不是水平线，将使前后差尺寸出现谬误，将影响立体裁剪效果。

在实施立体裁剪时往往还要根据具体服装款式的结构形式在人台上另外贴附模型线，这也是实施立体裁剪之前人台准备的一部分。在以后立体裁剪范例中会一一讲到。

（二）确认人台基准尺寸

这一步很简单但很重要。使用一个人台之前，首先要了解这个人台所提示的号型标准。需要做的事情是：

1. 测量人台前衣长尺寸

用皮尺量取从颈侧点过乳高点至前腰节的长度（图2-24）。

2. 测量人台后腰节尺寸

用皮尺量取从第七颈椎骨至腰节高的距离。用前衣长尺寸减去后腰节尺寸，可得出该人台的前后差尺寸。对于一个人台而言，无论省量如何处理，无论省道设置于何处，这个前后差尺寸都是不变的。它将成为判断样板有无错误的一个指标尺度（图2-25）。

3. 测量人台的三围尺寸

分别沿着胸围、腰围、臀围上的模型线水平测量，记录三围尺寸（图2-26）。

图2-24

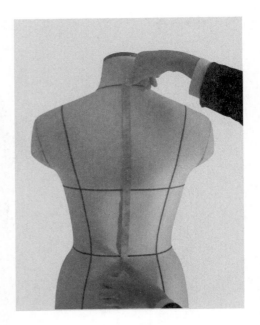

图2-25

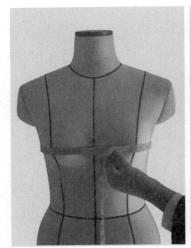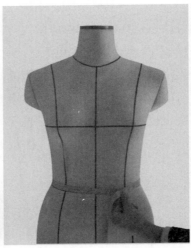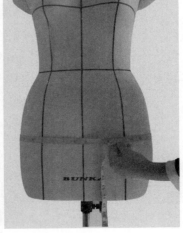

图2-26

4. 测量前胸宽尺寸

水平横量前身两腋窝点之间的距离，记录前胸宽尺寸（图2-27）。

5. 测量后背宽尺寸

过肩胛骨凸起点横量后背宽尺寸，此点通常在第七颈椎骨至后身胸围线高度的 $\dfrac{1}{2}$ 处（图2-28）。

图2-27

图2-28

6. 测量人台的肩宽尺寸

自一侧肩峰骨处过后领中心点量至另一侧肩峰骨处（图2-29）。

7. 测量人台的颈围尺寸

沿着颈根部位的模型线围量颈部一周（图2-30）。

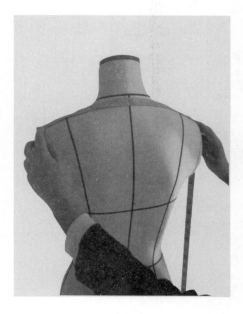

图2-29

图2-30

8. 记录数据

可以将数据记录在布条上或制作一个标签，将其附着在人台上不妨碍立体裁剪操作的位置，如人台底部等。可在制作原型或者组合模板时用作参考标准，见表2-2。

表2-2　人台测量数据 单位：cm

部位	前腰节长	后腰节长	胸围	腰围	臀围	领围	肩宽
数据							

每个公司都有各自一套的号型标准和针对性的消费群体，了解并记住上述这些尺寸，可以帮助立体裁剪的操作者更好地建立标准意识，明确自己在为什么样体型和号型的着装者打样板。这是打好服装样板的前提。

四、人台的补正

假如要根据某个特定客户的身材为其制作服装样板，自然要根据该客户的身材尺度来选择人台。如果客户的身材比较特殊，或者手边没有正好与之相符的人台，那么就需要选择一个比较接近的人台加以补正以调整尺寸，更好地呈现体型特征。

常用的方法有以下几个方面。

（一）加大胸围尺寸的补正

将适当厚度和大小的垫肩修剪成与乳房吻合的形状，附加在人台的胸部，用针固定（图2-31）。

（二）腰围的补正

用棉絮片或白棉布围裹在人台腰部，用针在后腰部固定（图2-31）。

（三）腹满体型的补正

将适当厚度的棉絮片或垫肩附加在人台的腹部，再用针将边缘固定住（图2-32）。

（四）凸臀体型的补正

用垫肩或棉絮片附加在人台的臀部，再用针将边缘固定住（图2-33）。

（五）驼背体型的补正

用垫肩或棉絮片附加在人台的背部，再用针将边缘固定住（图2-34）。

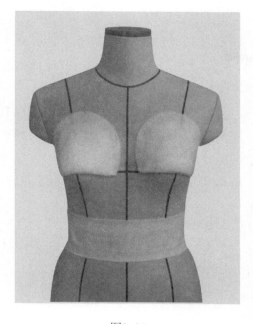

图2-31

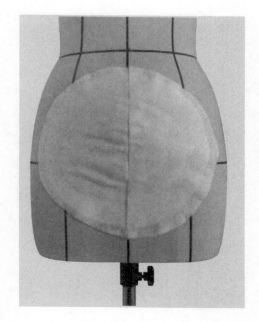

图2-32

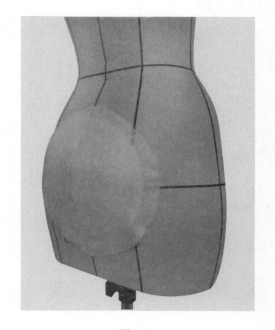

图2-33

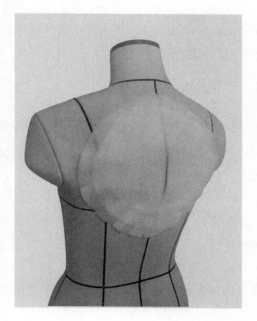

图2-34

（六）耸肩体型的补正

把垫肩揭开，撕去一些中间的夹层，按照合适的厚度附加在人台的肩部，再用白坯布包住（图2-35）。

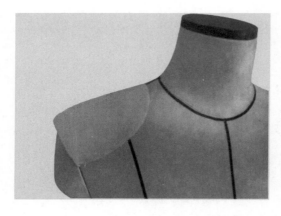

图2-35

在人台需要修正的部位补充覆层之后要重新测量尺寸，查看是否已经满足尺寸要求。之后就可以在人台上进行立体裁剪的操作了。

需要注意的是，在使用人台的过程中，如果不是替换为手臂模型，人台上的臂根圆附件部分就始终不要取下来。因为大部分品类的服装肩宽点不在躯干上，而是在手臂上端。

服装是穿在人体上，那么首先要认识人体。人台是人体的代替品，它所提示出的人体特征应该很具有代表性。全面地了解人台，进而合理选择并且熟练地使用它就是本节的学习目标。

第二节　立体裁剪的材料与工具

一、立体裁剪的材料

（一）白坯布

除人台以外，立体裁剪最不可缺少的就是白坯布了。用实际做服装的材料实施立体裁剪当然可以，但是如果是出于采取服装样板的目的，使用白坯布作为替代材料有很多便利之处。

一般立体裁剪使用的替代材料是棉质的、平纹织法的本白色坯布，俗称白坯布。此种白坯布在纱支数、克重、密度等方面有很多规格，可以参照实际要制作的服装材料的薄厚程度选择。之所以使用白坯布，主要出于这样几个方面的考虑：

1. 成本因素

白坯布是价格低廉的纺织品，较之使用实际面料实施立体裁剪自然便宜得多。有意思的是国内一些从事服装样板工作的个人，乃至很多公司、厂家，会算计到因为使用白坯布打样或做假缝会增加成本，因而拒绝立体裁剪或者样衣假缝确认。结果往往是省下了一两米白坯布，却要付出更贵的人工费和更宝贵的时间去修改样板。实际上把很便宜的白坯布费用摊入到成千上万件产品当中时，其成本微不足道，却可以得到板型很漂亮的服装，从而提高产品品质。

2. 便于构成

白坯布也有纱支数和密度指标，与一般纺织材料相同。其弹性、强度、垂感、柔韧性属中等，而且选择的余地较大。用剪刀裁剪起来，比有织法变化的实际纺织材料要方便易行得多。白坯布针刺性能良好，也很便于立体构成。

3. 便于标记

一套漂亮、严谨的服装样板，上面需要有完整的样板标识。纱向、合印点、纽扣位置、省缝位置等都不可缺少。白坯布本身着色性能好，在白色的坯布上面做标记，自然比其他颜色的材料清晰易辨。拓取样板时可以保证较高的准确度。

另外，白色的人台与白色的坯布之间很容易显现深色模型线的位置，对于准确把握服装的比例关系和执行设计意图能够提供便利。

（二）整烫白坯布

整烫白坯布需要注意以下几个方面：

1. 去除布边

整烫白坯布之前，应将白坯布上面的布边撕掉。因为织造时产生的布边与中间的部分相比呈紧缩状，会形成抽皱，不容易烫平。

2. 干烫

为了保证样板的准确程度，在实施立体裁剪之前需要将白坯布整烫平展。白坯布含有在织造过程中加入的浆分，因此在整烫时要注意不可以喷水或使用蒸汽熨斗熨烫，以避免白坯布变硬、板结和变色。正确的做法是使用熨斗干烫。

3. 调整纱向

整烫白坯布时，熨斗应顺着白坯布的经纬纱向动作，将布的经纬纱向调整为横平竖直。整烫的目的，一是要将布烫平，另外就是把白坯布的纱向调整正确。纺织材料的直纱与斜纱在造型效果上有很大的差别，实施立体裁剪时应该完全按照服装的实际纱向使用规则来进行。

如果经常采用立体裁剪方式制作样板，最好事先将整匹的白坯布撕去布边，把要用的数米白坯布一次熨烫平展，用卷布轴卷起来平放备用。每次使用时只要裁断出合适的用量即可。这样比较节省白坯布，而且不必每次熨烫（图2-36）。

图2-36

二、立体裁剪的工具

1. 量具：直尺、弯尺、皮尺

用途：画裁片轮廓线、拓取样板、绘制参考制图（2-37）。

2. 针插和大头针

用途：存放珠针、大头针；固定裁片（图2-38）。

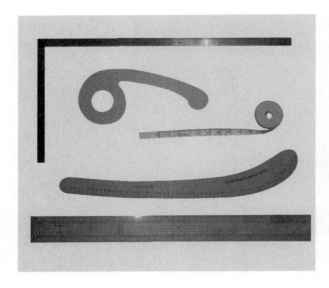

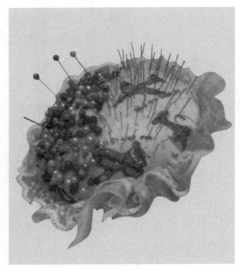

图2-37 图2-38

3. 模型线

用途：预设和标记省位、分割线位置、口袋位置等。模型线宜选用深色，以便在进行立体裁剪操作时，能够透过白坯布观察到模型线标记的位置（图2-39）。

4. 纱剪、缝衣针、缝线

用途：缝合裁片，以便确认立体构成效果（图2-40）。

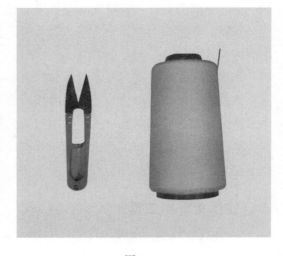

图2-39 图2-40

5. **剪刀、熨斗、滚轮**

用途：裁剪裁片、整烫裁片、复制裁片（图2-41）。

6. **其他**

铅笔、橡皮、比例尺、复写纸、样板纸等。

三、常用针法

立体裁剪常用的固定裁片的针法有：

1. **固定针法**

如果是较长时间的裁片固定，可以用两根呈90°角斜向相对的针，将裁片固定在人台上。如果是临时的固定，可以用单针，但一定要与裁片受力或重力逆向斜插在人台上，避免裁片滑动（图2-42）。

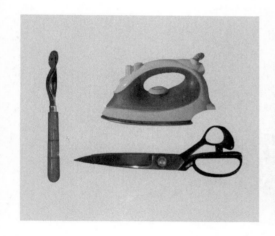

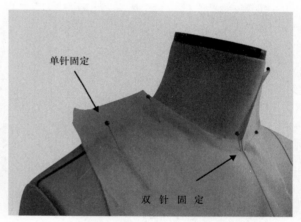

图2-41   图2-42

2. **合缝针法**

将两片布对合抓起，用针穿透两层裁片固定。常用于临时控制缝份量的粗略缝合（图2-43）。

3. **搭缝针法**

将两片裁片搭接，在重合的位置上用针将两片裁片缝起，便于确认裁片接合是否平展。常用于侧缝等搭接的部位（图2-44）。

4. **折缝**

将一片裁片折叠后压在另一片裁片上用针缝起，帮助确认分割线位置和调整最终余量大小。用于裁片构成以后的精确整理（图2-45）。

5. **掐缝**

指甲紧贴人台掐起裁片用针合缝，使缝道与人台之间无间隙，放开手时无松动的量。用于人体与服装紧密贴合位置的缝合（图2-46）

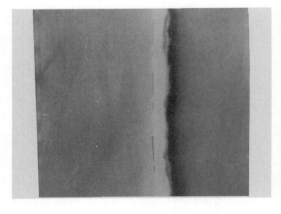

图2-43

图2-44

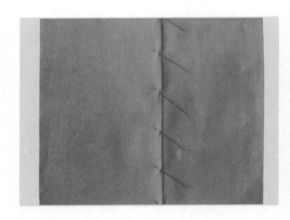

图2-45

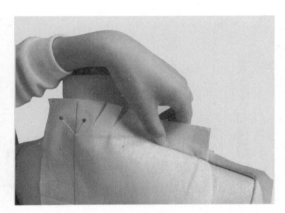

图2-46

6. 挑针缝

也叫对针缝，在对合起来的两片裁片之间，分别挑起少许后露出针尖。常用于绱袖子（图2-47）。

7. 省尖针法

为了准确地封合省尖，确定省缝位置，缝合省缝时从省尖点入针，单层挑起裁片，然后左右各一针封住省宽裁片。可以避免省缝的不确定延长，保证省位准确（图2-48）。

立体裁剪是需要有一些基本功，功底就是严谨细致的工作态度和操作技巧。否则再花哨的造型也不能形成精确的样板。实际上由于多种原因，立体裁剪在国内还属于起步比较晚的一项技术，各种专用工具也还没有发展到位。比如最基本的立体裁剪用钢针，目前还多使用珠针来代替。这些都需要更多时间来完善。而能够让立体裁剪技术充分发挥出其造型服装时所体现出的优势，让更多的人来学习它、了解它、应用它，关心这项技术的发展，是完善立体裁剪专用工具以及广泛普及立体裁剪技术的前提条件。

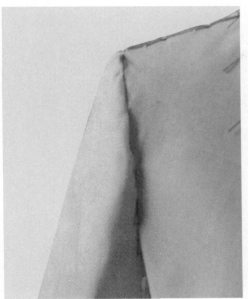
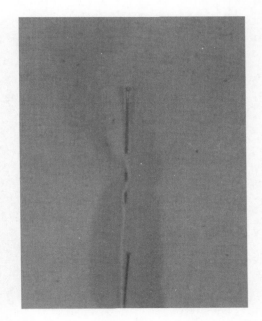

图2-47　　　　　　　　　　　　　　　　　　　图2-48

本章重点

本章重点在于了解人台，认识人台的作用，并准备人台和工具，做好立体裁剪准备。

实践项目

1. 设置好人台上的模型线。

2. 准备好立体裁剪所需的工具材料。

3. 练习并掌握各种针法。

立体裁剪基础

课题名称： 立体裁剪基础

课题内容： 1. 人台体表

2. 原型立体裁剪

课题时间： 16课时

实践项目： 1. 立体构成人台体表

2. 胸下省立体裁剪

3. 绘制原型参考制图

知 识 点： 1. 原型原理

2. 六分法应用绘制参考制图

3. 前后差位置的变化

教学要求： 本章要求的知识与能力是立体裁剪的入门基本功。重
点学习掌握人体与服装贴合部位的尺度控制方式，理
解原型原理，并且能够绘制原型参考制图。通过本章
的实践演练，印证平面结构制图原理，达到"知其然
并且知其所以然"的学习效果。

第三章　立体裁剪基础

　　服装穿在人身上，换言之，就是覆盖人体表面。那么人体的体表是什么样的、样板又是如何与之对应，这些都是在学习立体裁剪时先要明确的问题。本章以人台体表和原型这两个话题，分别对人体体表曲面形态和服装与人体的贴合关系做一说明。

　　根据用途需要确定一个人台之后，应该用立体裁剪的方式获取该人台所提示出的所有人台形态信息，包括人台基本数据、体表形态和贴合区域的尺度控制方式。尤其是对于发单公司提供的验货人台，获取这些信息对于准确实现产品设计意图非常重要。如能得到该人台组合母板原型，更会对样板制作提供诸多便捷。对人台充分了解，作为立体裁剪基础，其意义远大于针法的训练。

第一节　人台体表

　　人体是一个不规则的多面体，人体上几乎没有平面的部位，整个体表都是曲面构成的。而纺织材料都是平面的。如何让平面的纺织材料与人体完美对应，是学习立体裁剪主要解决的问题。作为认知的基础，首先取下人台的体表样板，对于了解人体表面的曲面特征是有很大帮助的。如果确定了所面对的人台将是长期使用的人台，出于了解人台曲面特征的目的，首先取下人台的体表样板是十分必要的。通过这项练习，不仅可以掌握基本的针法、剪法，而且对人台的基准尺寸、人台所需的省量、人体各部位曲面特征、人台体表样板基本形态都会有一个全面的认识。有了这些基础，对以后应用立体裁剪技术制作服装样板都会有所帮助。这里使用裸体人台，完成一个人台体表样板的制作过程。

一、人台体表样板制作

1．人台

　　选取一个设置好模型线的裸体人台，在两侧乳高点之间固定一根织带或布条，使两个BP点之间呈一条直线（图3-1）。

2．白坯布

　　测算量取所需布料长度，撕去白坯布的布边，将白坯布整烫平展，顺经纱方向用铅笔标入基准纱向线（图3-2）。

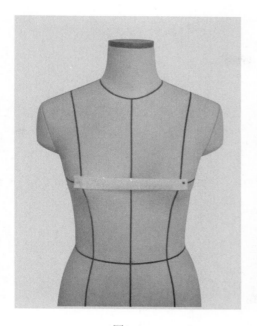

图3-1

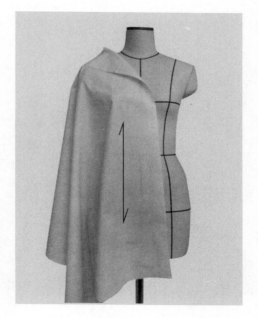

图3-2

二、立体构成

1. 前中心线固定

测算前中片最宽处所需尺寸，留出缝份，将白坯布裁剪开。将裁片上的前中心基准线与人台的前中心模型线比对重合，在前领中心处用固定针将白坯布固定住（图3-3）。

2. 前领深剪口、清剪领围

沿裁片前中线从上向下开剪口至距前领中心点1cm处，沿领围线上方1cm处清剪领窝，在肩缝处将肩部固定（图3-4）。

3. 留出缝份清剪前中片外侧缝

在前中片的公主线外侧留出缝份，清剪掉其余的部分（图3-5）。

4. 前侧片

测算前侧片所需宽度，在裁片中央位置顺经纱方向用铅笔标入基准纱向线。操作时正对前侧片，

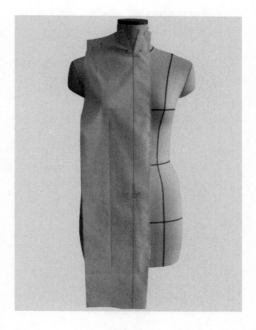

图3-3

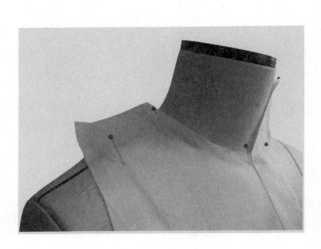

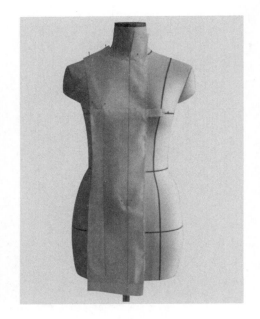

图3-4 图3-5

使裁片纱向与地面垂直固定在人台前侧位置。注意臀围部位的针要斜向下方固定（图3-6）。

5. 收前侧片腰围尺寸

从中臀围位置沿纱向线将裁片推向腰围线（针斜向下插时裁片会沿针杆向上滑移），至贴紧腰围线为止，用固定针在腰围线上固定裁片（图3-7）。

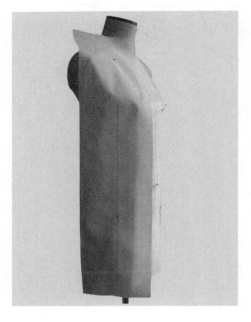

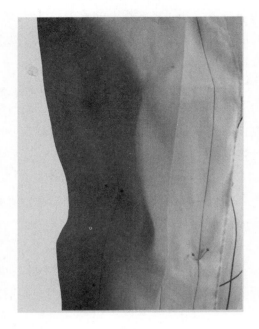

图3-6 图3-7

6. 合缝前中片和前侧片

从腰围线位置开始，用合缝的针法缝合前中片和前侧片。注意要使针贴紧人台。先从腰围线位置开始沿人台上的模型线向下合缝，缝至底边后再从腰围线处向上合缝。注意始终要保持纱向垂直于地面，不可改变纱向。另外，在腰部弧线变化较大的部位，需打上剪口，使合缝出的线条圆顺自然（图3-8）。

7. 留出缝份清剪前身合缝缝

将两片裁片合在一起同时清剪（图3-9）。

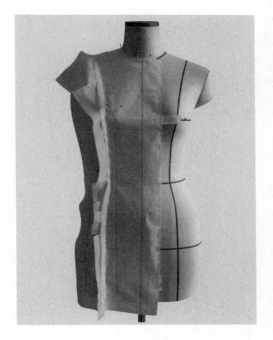 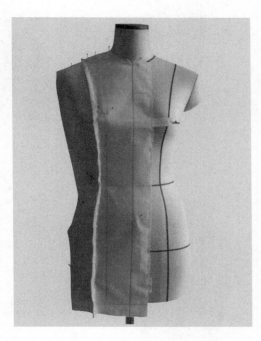

图3-8   图3-9

8. 固定后中片

将后中片上的后中心基准线与人台上的后中心模型线重合在一起，确认肩部留出缝份，在后领中心和肩胛骨处用固定针固定。在臀部将针向下斜插临时固定（图3-10）。

9. 合缝前后肩缝

在肩缝线上将后中片的小肩与前中片小肩用掐缝针法合缝在一起。可在后领围上打上剪口或清剪掉多余缝份，使后领窝服帖。这时要注意一定要紧贴住人台肩部进行合缝。以免造成落肩尺寸的误差（图3-11）。

10. 收后中片腰身

沿后中片中央纱向线从上向下将裁片推至紧贴人台腰围线处。用固定针法在腰围线处固定。横向余出的分量推至后腰围中心线另一侧（图3-12）。

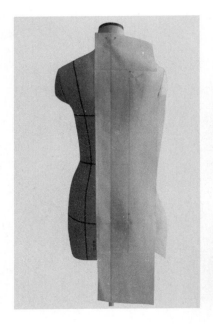

图3-10

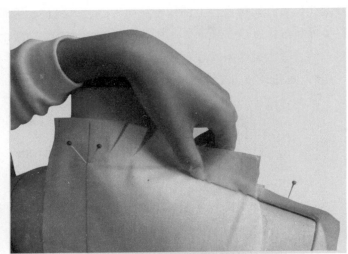

图3-11

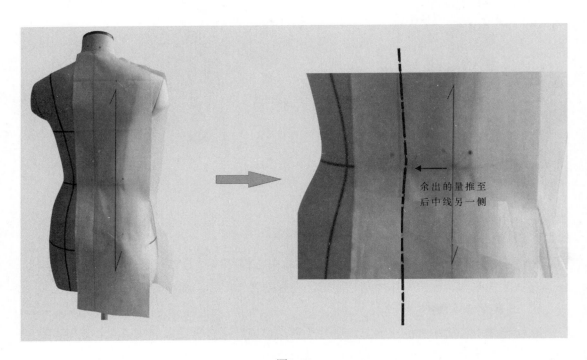

余出的量推至
后中线另一侧

图3-12

11. 留出缝份清剪后中片外侧缝

在后中片的公主线外侧留出缝份，清剪掉其余的部分（图3-13）。

12. 后侧片

测算后侧片所需宽度，在裁片中央位置标入经纱方向线。操作时正对后侧片，使纱向与地面垂直，用固定针法在后侧位置固定。注意臀围部位的针要向下方斜插固定（图3-14）。

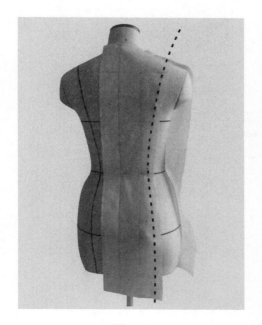
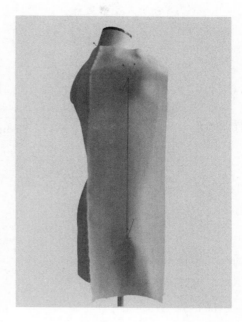

图3-13   图3-14

13. 收后侧片腰身

用手指贴住后侧片中臀围位置向腰围线位置推移裁片，使之紧贴住腰围线，用固定针法将裁片固定。注意不可改变纱向（图3-15）。

14. 合缝后中片和后侧片

从中线腰围位置开始，用合缝针法缝合后中片和后侧片。注意要使针贴紧人台。先从腰围线位置开始沿人台上的模型线向下合缝，缝至底边后再从腰围线处向上合缝。注意始终要保持纱向垂直于地面，不可改变纱向。另外，在腰围线处弧线变化较大的部位，需打剪口，使合缝出的线条圆顺自然（图3-16）。

15. 留出缝份清剪后中片与后侧片缝

同前身一样最好将两片裁片合在一起同时清剪，在腰围、臀围线等位置开对合剪口。

16. 合缝侧缝

合缝后侧片和前侧片。从中线腰围位置开始，用合缝针法缝合后侧片和前侧片。注意要使针贴紧人台。同合缝前两道合缝线一样，先从腰围线位置开始沿人台上的模型线向下合缝，缝至底边后再从腰围线处向上合缝。以后再做其他服装的立体裁剪时也要这样操作，可以避免裁片被推赶得歪斜。在腰围线处弧线变化较大的部位，需打上剪口，使合缝

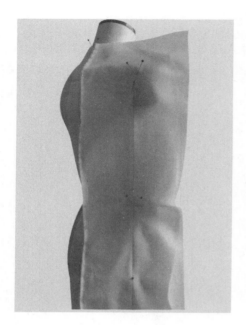

图3-15

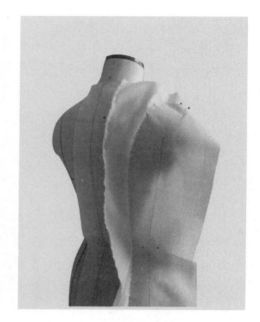

图3-16

出的线条圆顺自然（图3-17）。

17. **留出缝份清剪侧缝和臂根缝**

将前、后侧片合在一起同时清剪。清剪臂根缝时要在人台臂根截面外留出1.5cm左右的缝份（图3-18）。

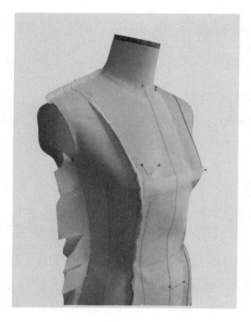

图3-17

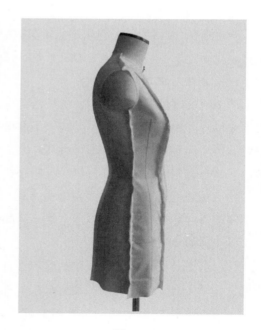

图3-18

18. 检查与修正

完成以上操作后，要观察立体构成效果。除了前领中心与后领中心处固定裁片的针以外，可把其他部位固定裁片的针全部取下来，查看有无裁片扭曲的现象，前、后中心线是否还能和人台上的前、后中心线重合在一起。如有扭曲或纱向歪斜，说明合缝过程中两片裁片长短不一样，需及时调整。如前后中心线位置发生偏移，说明手法太紧，造成裁片尺寸不够，需仔细观察是哪片裁片尺寸小了，再按照模型线重新调整。

另外，将人台旋转一圈，分别正对每片裁片，查看纱向是否都与地面垂直。如果尺度与形状都很好，只有某片裁片的纱向偏斜，也可以忽略预先画好的纱向线，在该裁片上重新画一条与地面垂直的线条取代原来的纱向线。

三、标记裁片

合缝起来的裁片，因为两片裁片是对合起来的，中间会有小小的空隙，影响尺寸的准确性。需要用折缝针法重新缝合裁片。在实施折缝针法之前，需要先在裁片上做好标记，这是获取裁片样板的必要步骤。

1. 标记方法

用铅笔或圆珠笔在白坯布透露出的人台模型线中央位置做点式标记，合缝位置的正反面都要做上标记。对于弧度较大的位置，较好的标记方法是用笔尖抵住模型线，转动一下笔杆，即可得到点状的标记（图3-19）。

2. 后中心线

因为收腰的原因，在后中心线位置会发生裁片偏移，标记时应该以新生成的后中心线中心为准（图3-20）。

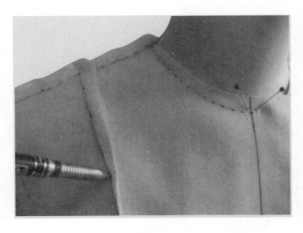

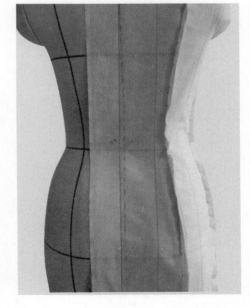

图3-19   图3-20

四、折缝确认

用针将裁片固定住，把合缝的针全部取下，铺平一侧裁片的缝份，按照标记点折起另一侧裁片的缝份（一般是中片压侧片），将需要合缝的两片裁片理齐，使其线条长短一致。再用折缝针法沿标记位置重新缝合裁片（图3-21）。

折缝的过程也是做最后调整的机会。这时要认真观察整体效果，如有不满意之处，要随时予以调整（有时要重新标记）。要使所有裁片不松不紧、服服帖帖地与人台贴合在一起（图3-22）。

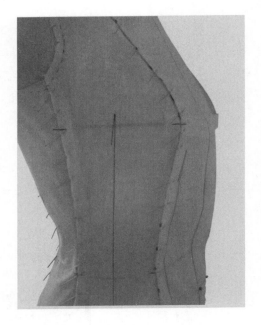

图3-21   图3-22

五、连接裁片轮廓线

取下裁片，使用直尺、弧线尺、笔等工具，将所有部位的标记点连接起来。注意线条一定要圆顺，有些稍显不规则的细节部位的标记点可以根据需要忽略不计，以线条顺畅为主（图3-23）。

六、拓取展开图

用样板纸拓取裁片展开图（图3-24），是为了体会样板是如何对应人体的。从而对人体曲面特征有一个全面的认识，这对以后应用人台制作服装样板非常有帮助。无论是用平面结构制图的方法还是用立体裁剪的方法，这些基准尺寸都是衡量和判断样板准确程度的参照依据。把这些尺寸熟记在心以后，无须缝合确认，只要把样板拼合起来进行比对，用肉眼观察一下样板，对照一下基准尺寸，就可以判断出哪里有问题了。每位样板师心里应该早已了解对应人体的各裁片所具备的一些基准尺寸，如前后差、落肩量、省量等，但具体到一个有特定服种用途的人台，这些基准尺寸仍需再做确认。这样对于准确地把握产品板型风格，维持板型风格的一贯性均很有帮助。

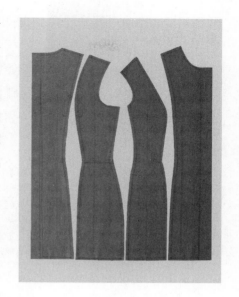

图3-23

人台体表的展开图将人台的曲面分解成了几个平面图形。设置模型线时，模型线已经将这些曲面分割出来，而展开图则是用平面的形式予以表现，这样一来对于各个部位所对应的服装样板形态就应该有一个较明确的认识了。这是以后判断服装样板正确与否的基本依据（图3-25）。

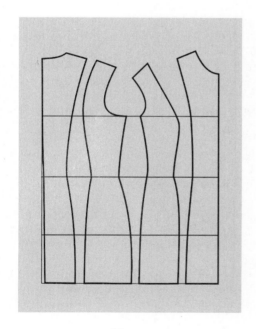

图3-24

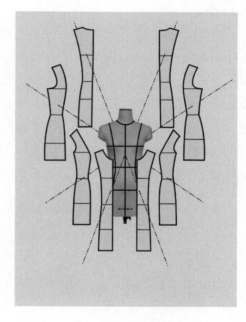

图3-25

　　人体是一个不规则的多面体，全由曲面构成，几乎没有平面。纺织材料都是平面的，那么服装的裁片样板是如何对应人体的呢？这是理解服装样板的基础。取下人台体表样板就是为了实现认识人体体表曲面特征的目的，所以它是学习立体裁剪（包括平面结构制图）的入门功课。

本节重点

本节重点在于通过立体裁剪人台体表，认识人体各部位对应服装样板的基本形态。这是建立人体与服装之间关系的基础。制作展开图，是通过立体裁剪的方式获取服装样板的入门功课。

实践项目

教师示范后，学生在各自的人台上进行获取人台体表的立体裁剪操作。需完成的内容包括：立体构成裁片，标记裁片，展开裁片连接轮廓线，绘制展开图，缝合确认，连同展开图，提交作业。

保留裁片与样板，在连衣裙单元将会用到。

第二节　原型立体裁剪

一、原型

原型的流派和种类也有很多，基本上都是首创各种原型的人或者单位根据自己对服装与人体的理解推出某个原型，并赋予该原型各自的原理理论。如最早引入到国内的日本文化原型、登丽美原型。后来国内也有样板师总结经验后推出的基型裁剪法。原型是源于立体裁剪而得来的，是学习立体裁剪的入门作业项目。希望通过对立体裁剪制作原型的方法介绍，帮助大家了解这一方法原理。再根据各自的需要去总结归纳出适合需要的原型。

1. 原型概念

原型是指覆盖人体躯干腰节以上部分的基本型裁片样板（图3-26）。

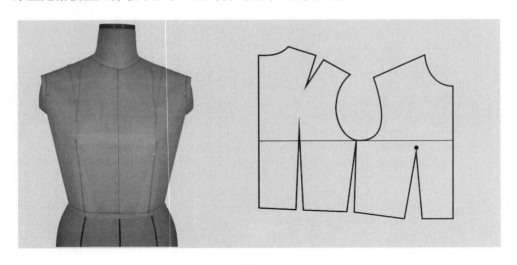

图3-26

2．原型的意义

原型的意义在于提供服装与人体必然贴合部位的尺寸控制方式，再依据这一方式指导绘制各类服装样板。

3．原型的应用

应用时以此原型为基础，通过加放余量和加长尺度来制作各种上身衣片的样板（图3-27）。

4．人体与服装必然贴合部位的概念

因为这是立体裁剪的初次范例，所以有必要提示一下贴合区的问题（图3-28）。

所谓服装与人体的贴合区，是指服装在人体上的支撑区域，也就是服装的面状支点位置。服装穿在人体上，有一些部位是与人体自然贴合在一起的，如图3-28中的灰色区域。这个区域叫作服装与人体的贴合区[1]。

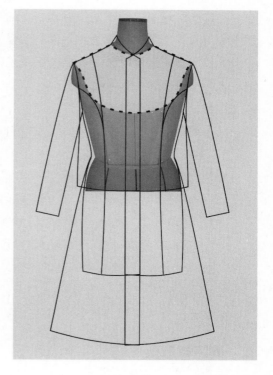

图3-27

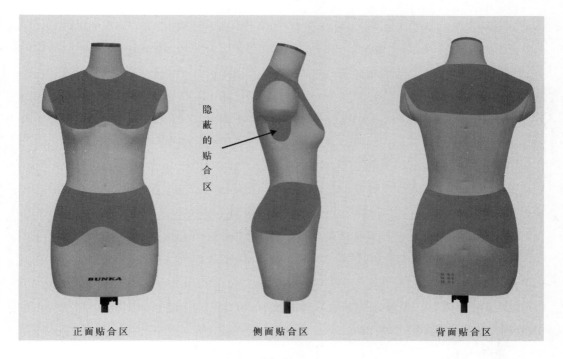

正面贴合区　　　　　侧面贴合区　　　　　背面贴合区

隐蔽的贴合区

图3-28

---

[1] 徐军、陶开山所著《人体工程学概论》[M]，中国纺织出版社，2002年出版，第137页。

在这些区域里，由于纺织材料自身的重量与垂度，服装和人体是贴合在一起的。应该把服装与人体的关系理解为：一件有余量的服装，不是"裹"在人体上，而是"挂"在人体上的（围裹式服装除外）。贴合区就是人体支撑服装的区域，当然因为人体曲面的不规则，未必能完全紧密地贴合。其他区域则是自然悬垂的状态，不完全贴合人体，甚至与身体无接触，称为自由区或设计区。原型样板上有很大一部分是覆盖贴合区的，可以说原型的意义主要就在于提出贴合区的尺寸控制方式。

5. 学习原型立体裁剪的目的

应用立体裁剪的方法构成原型，是学习立体裁剪的入门功夫，在理解贴合区概念的同时，通过这一练习过程至少可以达到这样几个目的：

（1）练习针法、剪法，掌握立体裁剪全过程的操作要领。

（2）掌握通过展开裁片取得服装样板的基本方法。

（3）掌握绘制平面参考制图的方法。

（4）印证四分法、六分法公式与定寸原理。

原型上的省缝位置分布形式很多，这里以这胸下省形式为范例进行说明。

二、胸下省原型

原型结构中，省量和收腰量由前腰位置处理（图3-29）。

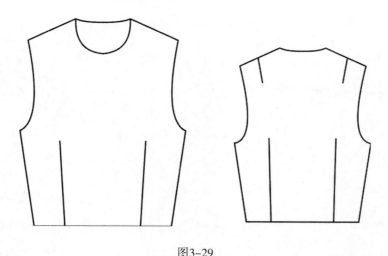

图3-29

1. 准备白坯布

裁剪一块白坯布，长度比腰节长尺寸长出10cm。整烫平展，如图标入基准的前后中心线和经纱方向纱向线（图3-30）。

2. 补正人台

如图3-31所示，在人台的两个BP点之间固定一根布条，补正两胸之间凹进的部分，以使前身胸围线以下成为一个平面（图3-31）。

3. 前中心线

在肩缝处留出缝份，把裁片上的前中心线与人台的前中心模型线重合在一起，分别在前领中心和前腰围中心处用针固定（图3-32）。

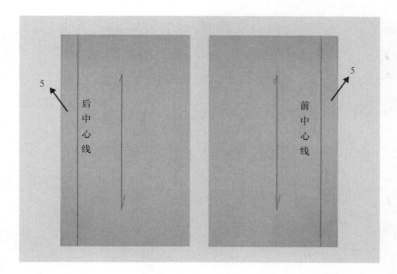

图3-30

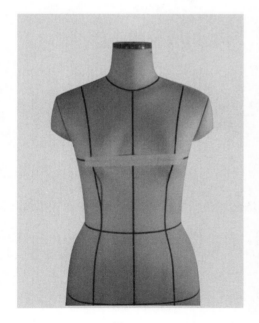

图3-31

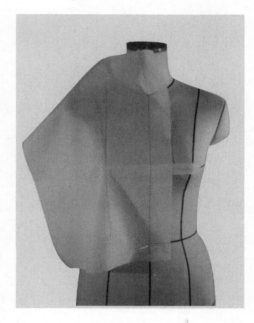

图3-32

4. 清剪领围

沿着人台颈围线留出1cm缝份，清剪掉裁片上多余部分。将贴合区整理平展后在肩缝线上用针固定（图3-33）。

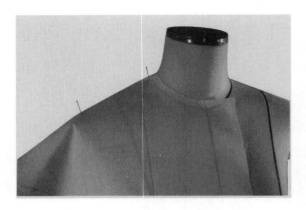

图3-33

5. **留出胸围余量**

将胸围线高度上的裁片横向推转至侧缝线位置，留出2.5cm胸围余量后，再推至侧缝线（图3-34）。

6. **整理出前身省量**

将留出的胸围余量整理为斜向前腰侧的方向，这时可以看到前身BP点下方出现了一个多出的量，这就是前身的省量（图3-35）。

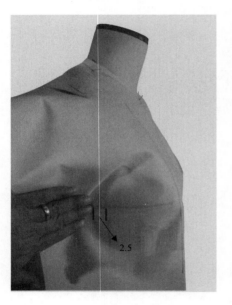

图3-34

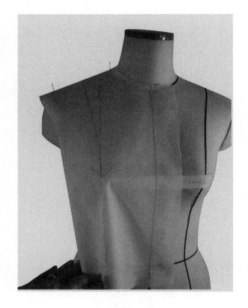

图3-35

7. **清剪前袖窿**

沿臂根留出2cm缝份后清剪出袖窿形状。袖窿深可暂定在胸围线高度上（图3-36）。

8. **缝合省量**

将腰围线高度上的省量用针合缝起来，在距离BP点2cm向外侧偏出1cm的位置收起省尖（图3-37）。

9. **整理前身片**

清剪下摆缝份，整理前身片。使贴合区平展服帖，胸围余量顺直向下，前中衣片成为一个平面，前侧衣片也成为一个平面（图3-38）。

10. **固定后中心线**

将后身裁片上的后中心线与人台的后中心模型线重合，将肩部缝份推转至肩上，清剪出后领窝，并在肩缝处留出缝份后固定（图3-39）。

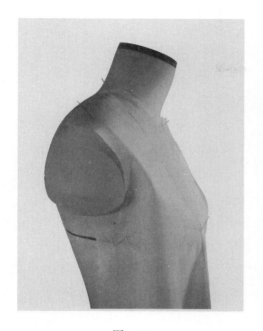

图3-36

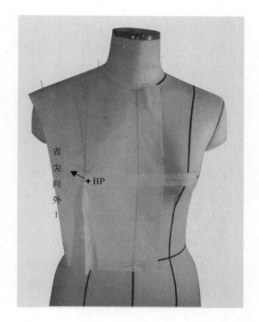

图3-37

图3-38

图3-39

11. 调整后身片纱向

将后身片纱向调整为垂直向下，整个后身片平直，从裁片后背宽处将横向余量推向肩缝处，要求包住肩头，在肩胛骨处和后背宽处用针固定（图3-40）。

12. 收后肩省

从后背宽处将裁片沿袖窿向上推起，使其包住肩部。此时会自然出现肩部省量，紧贴人台用针收起省量，针尖指向肩胛骨突起处，省长度为8～9 cm（图3-41）。

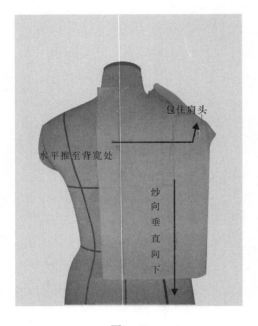

图3-40

图3-41

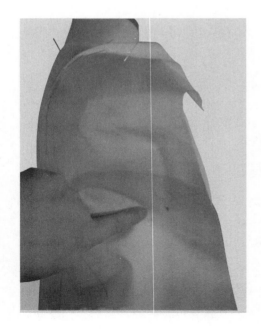

图3-42

13. 后身片胸围余量

沿人台后身胸围线高度将裁片水平推至侧缝线位置，推出2.5cm余量后用针固定（图3-42）。

14. 清剪后袖窿，搭缝侧缝

清剪出后袖窿，将前、后两片衣片在人台侧面整理成一个平面，用叠缝针法缝合，缝迹垂直向下（图3-43）。

15. 收后身片腰围省

将垂直向下的后身衣片在腰围处收起一部分，使后身廓型呈现出与前身衣片对应的倒梯形（图3-44）。

16. 折缝整理，标记裁片

留出缝份清剪所有缝道，调整已有裁片的形态，在弧度较大的位置上打剪口，把所有部位固定的针去掉改为折缝，以便更加精确地表现造型效果。折缝后在所有缝道上做好标记和合印点（图3-45）。

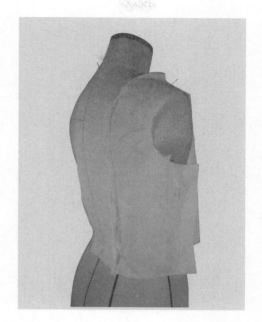

图3-43   图3-44

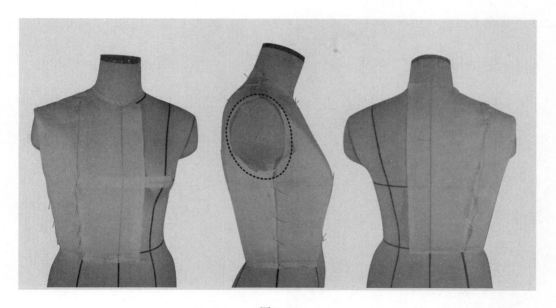

图3-45

17. 展开裁片

将裁片取下铺平，用直尺、弯尺将标记点画线连接。得到原型的轮廓净样（图3-46）。

18. 拓取展开图

使用复写纸和滚轮，将原型轮廓线复制到样板纸上，服装样板以mm为单位，因此不可以用过粗的线条来标画轮廓线，在轮廓线条清晰的前提下尽量画细些（图3-47）。

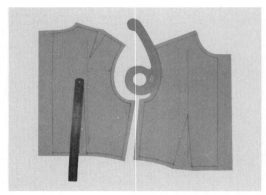

图3-46

图3-47

19. 缝合确认

在获得原型样板之后，需对原型缝合确认。把裁片缝合起来，放回到人台上，观察效果。此时的核实应该模拟实际穿着的情况，除了在前领中心和后领中心两个位置可以用针固定外，其他位置一概不可以用针固定。轻轻地转动人台，模拟人体动作，观察动作停止时裁片是否发生扭曲变化，以前、后中心线始终不脱离人台上的前、后中心模型线为准（图3-48）。

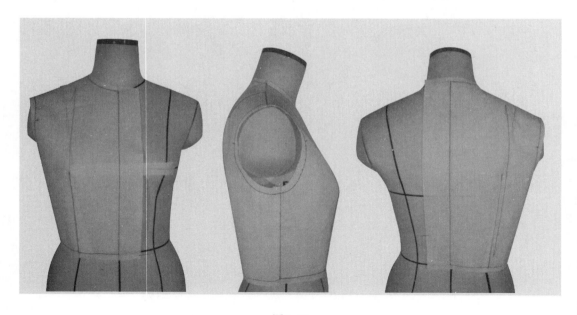

图3-48

三、绘制原型参考图

（一）接合裁片

将原型前、后身片样板上的袖窿最低点对合在一起，纱向（前、后中心线）平行放置，之后标注作图的辅助线（图3-49）。

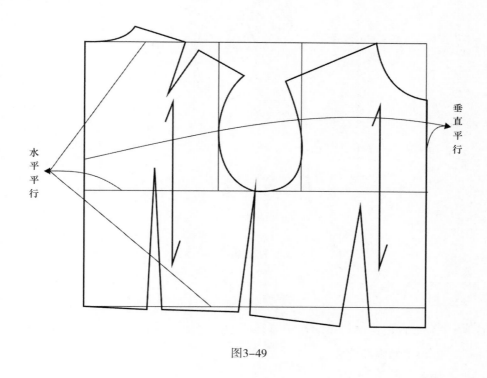

图3-49

（二）标注尺寸

标注辅助线之后，本着"先公式、后比例、再定寸"的顺序原则，为展开图填入相应的公式、比例与定寸，使之成为可以成比例放大或者成比例缩小、具有较大通用性的参考制图。作为第一次练习绘制参考图的示例，这里介绍主要公式与尺寸的填写方法（图3-50）。

1. **腰节长**

从后中心画起，直接量取展开图的后领中心至后腰街中心做垂线，量取实际尺寸并标注相应部位。

2. **半胸围**

测量展开图的半胸围实际尺寸（前、后中心线之间），再量取人台的胸围净尺寸B，应用惯用的制图公式"半胸围=$\frac{B}{2}$+定寸"，求取定寸值。定寸是一个经验值，以实际发生为准。此时的定尺是一个不定值，简单计算即可得出。填入半胸围尺寸标注位置即可。本图中半胸围公式为：$\frac{B}{2}$ +5cm。

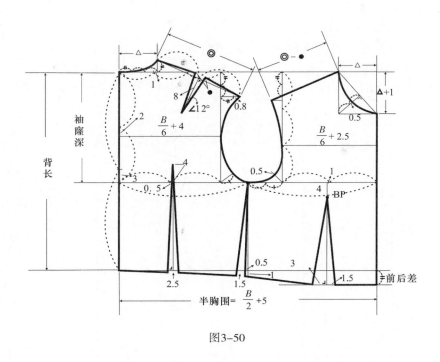

图3-50

3. 袖窿深

与袖窿深有最直接比例关系的是腰节长尺寸，它是一个定量，取腰节长的 $\frac{1}{2}$ 向下加定寸3cm，可以得出袖窿深的公式。

4. 侧缝位置

在袖窿深线上等分半胸围，以袖窿深线上半胸围的 $\frac{1}{2}$ 为基准，标入侧缝上实际发生的调整尺寸。

5. 后背宽

后身袖窿深的 $\frac{1}{2}$ 向下2cm的水平位置为后背宽线，测量展开图的实际尺寸，以"测量尺寸=$\frac{B}{6}$ +定寸"为公式求取定寸值。本图后背宽的公式为 $\frac{B}{6}$ +4cm。

应用六分法确定前胸宽与后背宽的公式，即将人体后背宽度视作人体胸部截面围度尺寸的 $\frac{1}{6}$，加调整定寸⊙（理解此种方法，详见图3-51）。

所谓六分法，即将前胸宽、后背宽部位所对应的人体躯干的截面视作一个椭圆形，以前后中心线为起点，将其六等分，其中的 $\frac{1}{6}$ 份接近于前胸宽和后背宽的分布规律。因此余量比较少的服装品类常用六分法安排前胸宽和后背宽尺度。

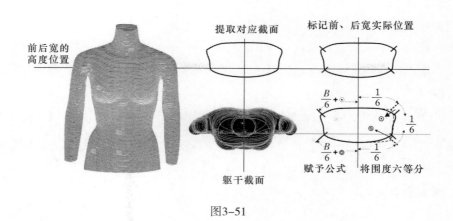

前后宽的高度位置　　提取对应截面　　标记前、后宽实际位置

躯干截面　　赋予公式　　将围度六等分

图3-51

6. 后领宽

整领宽尺寸与后背宽尺寸成直接比例关系，约为背宽的 $\frac{1}{3}$ 。可用后背宽的 $\frac{1}{3}$ 加调整尺寸的方法来定义后领宽公式。本图后领宽公式为： $\frac{背宽}{3}$ +1cm。

7. 后领深

取后领宽的 $\frac{1}{3}$ 为后领深。

8. 落肩量

本来以角度来确定落肩量本更为合理，但是方便起见，可以用与落肩量有直接关系的已定量尺寸为参照。本图以后领宽的 $\frac{2}{3}$ 为后落肩量。

9. 后肩宽

取后领宽的 $\frac{1}{3}$ +0.8cm，在后背宽线与落肩线的相交处向外的水平线上量取。

10. 后肩省

取后小肩的 $\frac{1}{2}$ 处为后肩省中央位置，过该点向肩胛骨位置量取省的长度8.5cm。省尖处量向肩线上量取12°角。

11. 前胸宽

将前身袖窿深3等分，下 $\frac{1}{3}$ 点上画水平线。前胸宽的计算公式与后背宽的公式原理相同。方法是：量取展开图的前胸宽实际尺寸，用 " $\frac{B}{6}$ +定寸" 为公式，求取定寸值。本图前胸宽公式为： $\frac{B}{6}$ +2.5cm。

12. 前领宽

自前中心线与上平线相交处向后量取，前领宽尺寸与后领宽相同。

13. 前领深

自前中心线与上平线相交处向下量取，尺度为前领深加1cm。

14. 前小肩

前胸宽线与上平线的交点处向下量取两个后领深的长度，过此点画水平短线。再从上平线上前领宽点向短线上量取后肩宽减去后肩省宽度"◎-●"的尺寸，为前小肩宽。

15. BP点

BP点以在立体裁剪中实际发生的标记位置为准。绘制参考制图时，在前身袖窿深线上对应前胸宽的位置标记出左右位置和距该线的高度位置即可。本图中为前胸宽的 $\frac{1}{2}$ 处后移1cm，局袖窿深线下4cm处。

16. 前后衣长差

腰节长是从第七颈椎骨量至后腰节，前衣长是由颈侧点经乳高点量至前腰节，因此必然存在一个前后衣长差数值。这个数值由乳房的丰满度决定，是个变量。本图中取后领深的高度为前后衣长差，自前身省下端顺延至后中心。

服装的分割方式、省量的处理方式多种多样，所以躯干前后差的位置反映在图纸上时也是多样的。这个原型的前身片在胸围线以上无分隔，省量全部处理在腰线上，省量与收腰分量合并，故前后差出现在腰节线以下。前后差分量取决于胸高程度和肩缝颈侧点位置，可以参考前身省宽尺寸来定义，也可以以实际测量为准。

17. 前胸省

自BP点向下画垂线至原型下端，在下端交点处向前量取1.5cm，向后量取3cm。

18. 后腰省

后身袖窿深线上取后背宽的 $\frac{1}{2}$ 处后移0.5cm。过此点向上量取4cm，向下画垂线至下平线。省宽2.5cm，左右平分。

19. 侧缝收腰量

侧缝上的收腰量取决于预定的原型形态，与前后身片收腰量均衡即可。本图中侧缝收取2cm，分布方式如图3-48所示。

20. 袖窿线、领口线

袖窿弧线应随袖窿的宽窄而变化，与袖窿宽窄成比例关系。可分别在前、后身片的袖窿宽度上采取比例加调整尺寸的方法来定义袖窿弧线。

后领中心位置左右应保持3~4cm的水平线，然后画弧线至颈侧点。前领口画法如图3-50所示。

其他简单的定寸定义方式省略。总之，标注尺寸应遵循"先公式、后比例、再定寸"的原则。定寸的绝对值越小，相对来说制图就越准确。

绘制参考制图的意义在于印证平面结构制图原理，深刻把握人体与服装之间的关系。由此可见的确值得下大工夫来研究绘制参考制图。虽然课时有限，至少应将原型的参考制图绘制出来。

本节重点

本节重点在于通过立体裁剪的方式，获取人台上服装与人体必然贴合区域的尺度控制方式，获取人台的原型。绘制参考制图的目的在于理解六分法的应用原理，掌握参考制图的基本绘制方法。

实践项目

1. 立体构成原型裁片。
2. 应用六分法绘制原型参考制图。
3. 缝合裁片，确认立体裁剪效果。
4. 将缝合好的原型裁片穿在人台上，连同参考制图提交作业。

领型基础与袖型基础

课题名称：领型基础与袖型基础

课题内容：1. 立体裁剪领型基础

2. 立体裁剪袖型基础

课题时间：14课时

实践项目：1. 常见领型的立体构成

2. 一片袖立体构成

3. 一片半袖立体构成

4. 两片袖立体构成

知 识 点：1. 建立领坐标

本节为立体裁剪知识与能力的基础教学。重点在于通过学习建立领坐标，掌握常见领型的领口形态的基本规律。

2. 实现常见袖子的变化

教学要求：本节通过一片袖、一片半袖、两片袖的立体构成和相互转化的方法实践，掌握袖子的立体构成及其变化的基础知识。

第四章　领型基础与袖型基础

在服装设计中，领型的变化与袖型的变化是最为丰富的。领子的样式数不胜数，而且还在推陈出新，如何把握其基础型以为己用？本章以领型基础和袖型基础的范例进行讲解以供参考，给大家提供一条掌握原理、能够举一反三的学习途径。

第一节　立体裁剪领型基础

服装领型的变化数不胜数，但多是在领子外口进行变化。毕竟领子是要缝合在衣身的领窝上，而领子内口有无规律可循呢？这里先介绍领坐标（图4-1）。

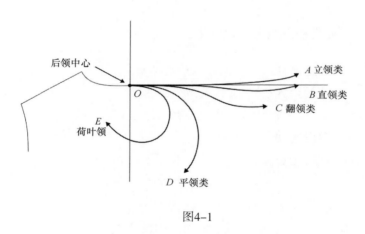

图4-1

图4-1中，以后领中心为O点，竖轴为后中心线，横轴为后衣片上平线。A表示立领的领下口线；B表示直领的领下口线；C表示翻领的领下口线；D表示平领的领下口线；E表示荷叶领的领下口线。

下面，依次用立体裁剪的方法在人台上解构这几种领子，印证一下领坐标。

一、立领立体构成

1. 准备

借用前面立体裁剪原型衣片的领口，在上面沿基本领口线外0.5cm处预设需要的领口线（图4-2）。

　　准备一片长、宽可供立体构成立领的白坯布（参考尺寸：长30cm、宽10cm），在上面标记后中心线和横坐标（图4-3）。

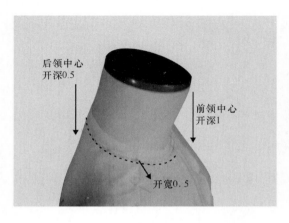

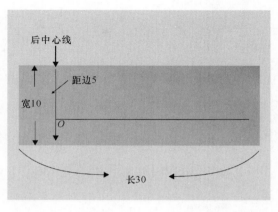

图4-2　　　　　　　　　　　　　　　　　　　图4-3

2. 后领中心

　　将领子裁片上的后中心线与衣片的后中心线重合，坐标O点对齐后领中心，用针固定，后领中心左右5～6cm范围内保持水平（图4-4）。

3. 领口

　　将领子裁片立起，均匀围绕在人台颈部，并留出适当间隙，沿预设的领口线外开剪口，使领子直立围绕颈部，把间隙调整均匀，用针沿预设的领口线固定（图4-5）。

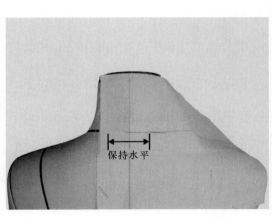

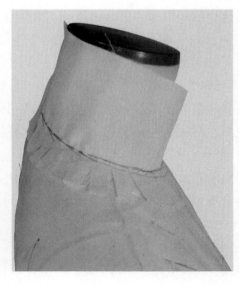

图4-4　　　　　　　　　　　　　　　　　　　图4-5

4. 标记立领高

量取领宽尺寸，标记领子宽度，同时在领口线上按照固定针的位置做好领下口标记（图4-6）。

5. 展开裁片

取下立领裁片，用尺子将标记点连接顺畅，得到立领样板。以后领中心为O点画坐标轴备用（图4-7）。

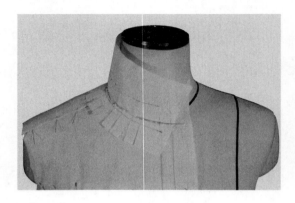

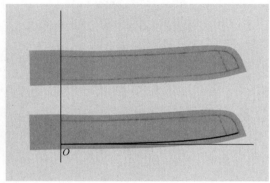

图4-6   图4-7

二、直领立体构成

直领多用于风衣、夹克等服装，它与立领的区别在于领外口大于立领。低下头时，它的领外口可以包住下颏。

1. 准备

同前，借用前面立体裁剪原型衣片的领口，在上面沿基本领口线外0.5cm处预设出需要的领口线。准备一片长、宽可供立体构成直领的白坯布（参考尺寸：长30cm、宽15cm），在上面标记后中心线和横坐标（图4-8）。

2. 后领中心

将领子裁片上的后中心线与衣片的后中心线重合，坐标O点对齐后领中心，用针固定，领中心左右5~6cm范围内保持水平（图4-9）。

3. 领口

与立领同，将领子裁片立起，均匀围绕在人台颈部，并留出适当间隙，沿预设的领口线外开剪口，使领子直立围绕颈部，把间隙调整均匀，用针沿预设的领口线固定（图4-10）。

4. 标记直领高

量取直领高度尺寸，将领外口折成直顺的外弧线并做标记，同时在领下口线按照固定针位置做领子领下口标记（图4-11）。

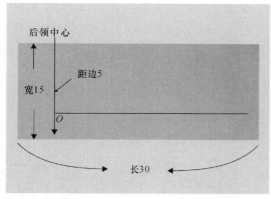

图4-8

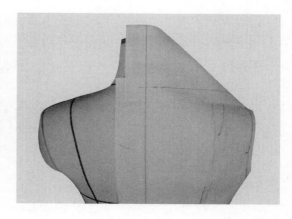

图4-9

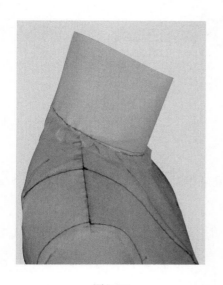

图4-10

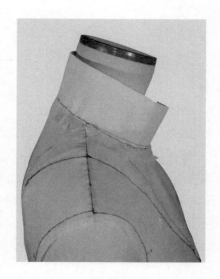

图4-11

5. 展开裁片

取下立领裁片，用尺子将标记点连接顺畅，得到立领样板。以后领中心O点画坐标轴备用（图4-12）。

三、翻领立体构成

1. 准备

翻领分为立领部分和翻领部分，它们是连在一起的，故用料较宽，如图4-13准备。

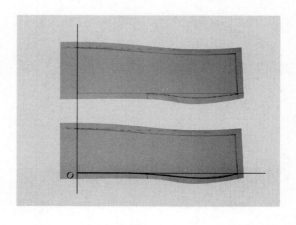

图4-12

2. 后领中心

将领子裁片上的后中心线与衣片的后中心线重合，坐标O点对齐后领中心，用针固定（图4-14）。

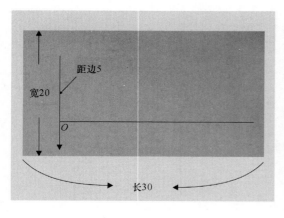 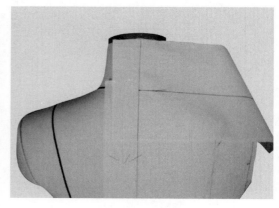

图4-13　　　　　　　　　　　　　图4-14

3. 设置后领高和翻折线

从后领中心确定立领高度、翻领宽度和翻折线位置（图4-15）。

4. 翻折领子

沿着预设的翻领宽和立领高度翻折领子，在领外口开剪口，后领中心左右4～5cm范围内保持水平，领外口贴合肩部向前折转（图4-16）。

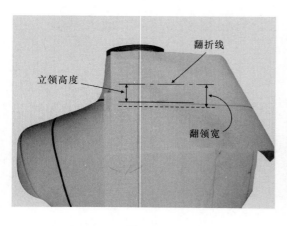 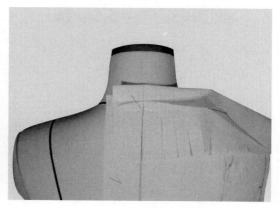

图4-15　　　　　　　　　　　　　图4-16

5. 前领

前领深略开深3cm左右，领外口贴合前肩胸部，翻领平展，折线平直理顺至前领中心，留出领外口缝份，裁片上画标记（图4-17）。

6. 领下口

沿着预设的领口线，将领下口位置边打剪口，并用针固定，沿着入针位置做好标记后留出缝份清剪掉多余的面料（图4-18）。

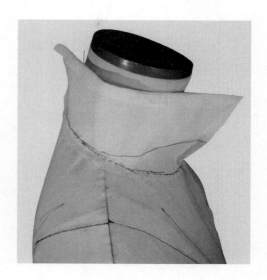

图4-17　　　　　　　　　　　图4-18

7. 确认

检查后领中心有无偏移，是否平直，是否露出绱领线，领外口与肩部贴和状态是否良好，无误后完整标记裁片，留出缝份清剪（图4-19）。

8. 展开翻领裁片

取下翻领裁片，将标记点用尺子连接顺畅，清剪掉多余面料得到领子裁片，以后领中心O点画坐标轴备用（图4-20）。

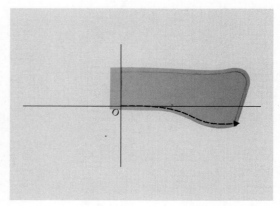

图4-19　　　　　　　　　　　图4-20

四、平领立体构成

1. 准备

平领没有立领部分，但领下口弧度较大，如图准备用料（图4-21）。

2. 后领中心

将领子裁片上的后中心线与衣片的后中心线重合，坐标O点对齐预设的后领中心，用针固定（图4-22）。

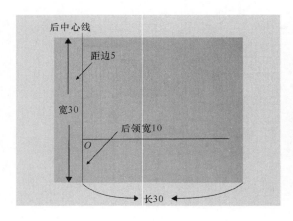

图4-21

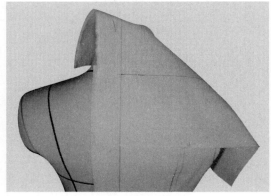

图4-22

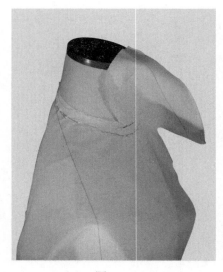

图4-23

3. 清剪领下口

以将领子裁片平贴在前后贴合区为基准，平铺在肩部，沿着预设的领下口线留出缝份，清剪至前领中心位置（图4-23）。

4. 标记领宽、领型

量取后领宽，顺畅标记至前领角，绘出前领角形状，留出缝份，清剪掉多余的领外口面料（图4-24）。

5. 展开平领裁片

按照标记点顺畅连接领下口线，以后领中心为O点，画出横坐标备用（图4-25）。

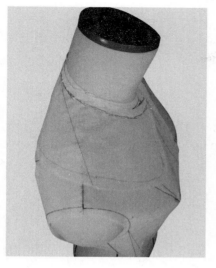

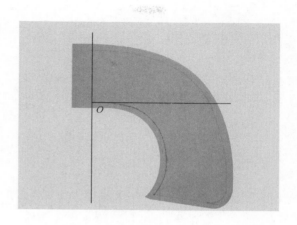

图4-24

图4-25

五、荷叶领立体构成

1. 准备

荷叶领，指领外口带有波浪形皱褶的领子，较之平领的领内口弧度更大，准备更宽的裁片。后领中心线预设在裁片中央位置（图4-26）。

2. 后领中心

将领子裁片上的后中心线与衣片的后中心线重合，坐标O点对齐预设的后领中心，用针固定（图4-27）。

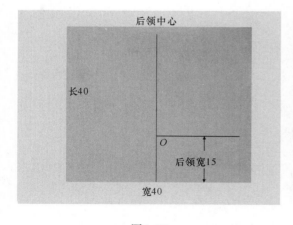

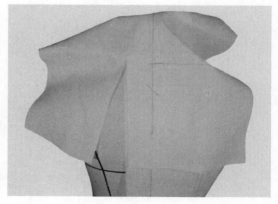

图4-26

图4-27

3. 领下口

后领中心处留出稍宽缝份，沿预设的领口线开剪口至拟造型第一个波浪形皱褶的位置，在剪口下用针固定。纵向开一剪口指向褶位，然后沿领口线向前领方向边开剪口边定褶位（图4-28、图4-29）。

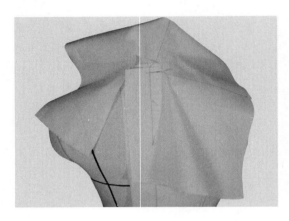 

图4-28 图4-29

4. 标记领型

观察领下口是否圆顺，外领形状是否符合设计要求，波浪皱褶是否均匀。调整后标记领外口形状和领下口线，包括用T形剪口标记起褶位置，然后清剪掉领外口的多余面料（图4-30）。

5. 展开领子裁片

取下领子，连接领下口线，此时注意T形剪口之间并非弧线，应按照实际情况连接。将领外口线画圆顺，确定领型。以后领中心为O点画出领坐标备用。此时，如果领子是反向坐标，应在其反面标记坐标位（图4-31）。

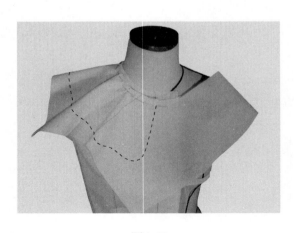 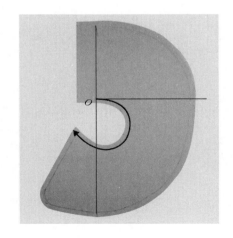

图4-30 图4-31

6. 组合坐标

将通过立体构成得出的领坐标用同一个O点组合起来，如图4-1所示，标记出各类领型的大致特征，通常服装领子的变化多发生在领外口线，领下口线几乎都遵循着领坐标所提示的领口弧线，至多是领口开深或开宽一些，令坐标略有变化。有此领坐标为基础，以后再做领子的立体裁剪时，可以不用公式计算尺寸，只要估量一下领口的长度，按照其长度清剪出领下口的坐标弧线，就可以很快捷、轻松地将领子一次成功构成。

本节重点

本节重点是通过立体裁剪构成各种领子，制定领坐标。掌握常见领型的领下口线规律，将感性的认识深化为理性的能力。领坐标是以后实施立体裁剪构成领子时的依据。记住这个坐标所提示的领下口类型后，只要知道领子属于哪一类，根据领围长度就可以直接剪出领子的领下口形状，再根据领深稍加调整并确定领外口形状即可。这样做能提高立体裁剪的效率和准确程度，这也是平面结构制图的基本知识之一。

实践项目

1. 立体构成各种领子。
2. 绘制领坐标。

第二节　立体裁剪袖型基础

立体裁剪中的袖子构成方法，一般都是先做一片袖，然后根据设计要求转化为其他袖型。这里介绍衬衣常用的一片袖；夹克常用的一片半袖；正装用的两片袖，以及它们之间的转化方法，讲解一个基本的方法，供在立体裁剪中参考。

一、一片袖

1. 准备

在已有的衣片上标好一个袖窿，一般袖窿呈略向后倾斜的椭圆形（图4-32）。

2. 用料

测算袖肥一般以袖窿宽度的两倍加10~15cm为计算依据，袖长按照工单尺寸要求，这里采用常规中号的袖长55cm，加上缝份、折边，共计60cm。在裁片正中标记经纱纱向（图4-33）。

袖子用料以实际设计需要而定，这里作为示范，借用已有的衬衫衣片上的袖窿，操作中以实际情况为准。

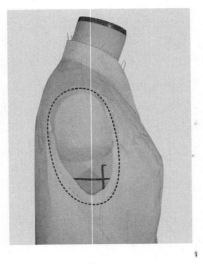

图4-32

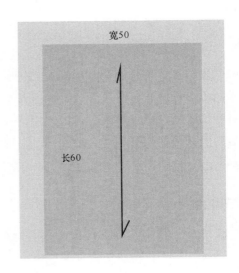

图4-33

3．比对袖肥

先把裁片对折起来在袖窿上比对一下，测定并标记好袖肥，在袖窿宽的前、后两侧都留出适当余量，如图4-34所示。

4．折叠袖窿

按照比对后确定的袖肥，先将袖子裁片折叠成一个袖窿，用针在袖底缝的位置上固定袖窿（图4-35）。

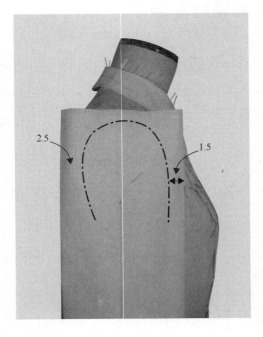

图4-34

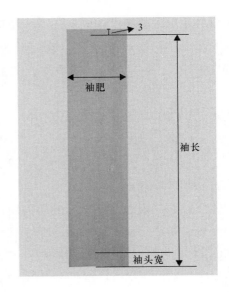

图4-35

5. 三点固定观察效果

在前胸宽和后背宽的位置上用挑针缝针法将裁片固定在衣片上。

（1）从正面观察，看袖子自然垂下时是否有厚度感，是否平顺（图4-36）。

（2）从侧面观察纱向是否垂直向下（图4-37）。

（3）观察袖子自然下垂时有无厚度感，袖子是否直顺（图4-38）。

在前胸宽和后背宽的位置上做T形标记，作为重新绱袖的合印点。

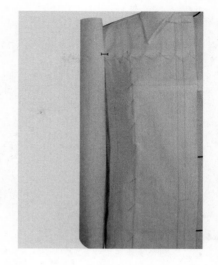

图4-36

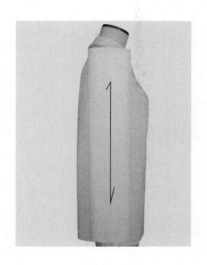

图4-37

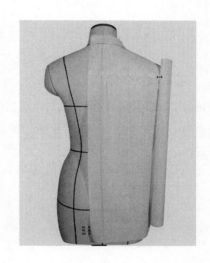

图4-38

6. 清剪袖山

取下袖窿，留出袖窿深的高度，如图清剪出袖山的大致形状（图4-39）。

7. 确定袖山高

将袖子向外展一侧抬起45°，可将衣片上的余量充分利用起来，但不可以使前、后衣片中心线位置被拉扯偏移，达到此效果后即可在袖窿最底部将袖子与衣片用挑针缝针法缝合在一起（图4-40）。

8. 缝合袖山和袖口

用挑针缝针法缝合袖山，力求袖山圆顺，如有吃势则必须均匀。从袖山最高点沿纱向向下量取袖长，按照袖口尺寸收褶并装袖头（图4-41）。

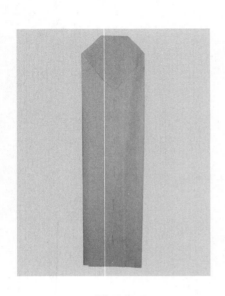

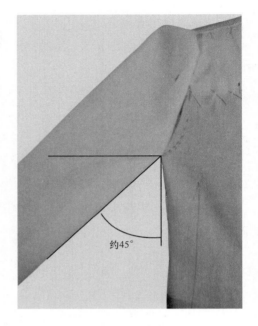

图4-39   图4-40

9. 标记袖山、袖底缝

沿袖山固定针位置作标记（如对袖窿有调整，应同时对袖窿作标记）。把袖子取下，在内侧袖口宽的 $\frac{1}{2}$ 处标记袖底缝，向袖山上对应袖窿最低点的合印点处连接出一条新的袖底缝（图4-42）。

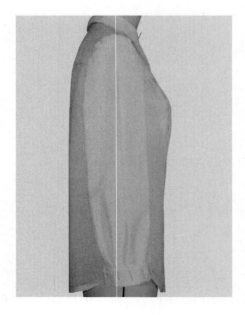

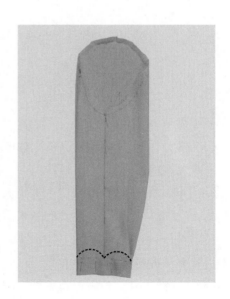

图4-41   图4-42

10. **展开裁片并拓取样板**

取下袖裁片，顺畅连接所有标记点，得到展开的裁片，并拓取袖样板（图4-43）。

11. **缝合确认**

获得样板后，将裁片缝合起来重新绷到袖窿上，核实效果。为准确起见，最好是将袖山抽褶后再绷袖。裁片问题较大时需要通过重新立体构成来修改，细小的误差则可以直接在样板上修正。

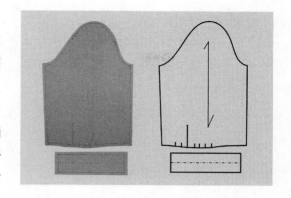

图4-43

二、一片半袖

1. **折合袖窿**

判断袖肥的方法同一片袖，此处略。确定袖肥之后，将袖子裁片折合成袖窿。注意：在保持纱向垂直向下的前提下，把袖窿折成符合人体手臂肘以下向前自然弯曲的弧度。然后清剪出大致袖山形状（图4-44）。

2. **缝合袖山与袖窿**

确定袖山高的方法同一片袖，此处略。将袖山与袖窿用挑针缝法合缝在一起，保持袖子纱向垂直向下，量取袖长尺寸（图4-45）。

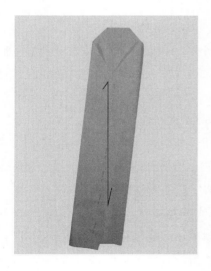

图4-44

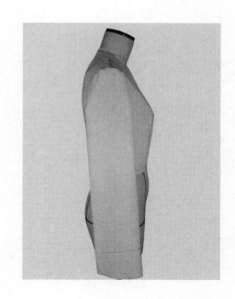

图4-45

3. 标画小袖轮廓

在袖子内侧按照标准画出袖长、袖口，在后袖山上取一点作为大、小袖分割的外袖缝上的点，该点以不暴露在大袖表面为准，画出小袖的轮廓净样（图4-46）。

4. 标记大袖袖口

将小袖外袖缝的下半部分（袖口和外袖缝）复制到大袖一侧（图4-47）。

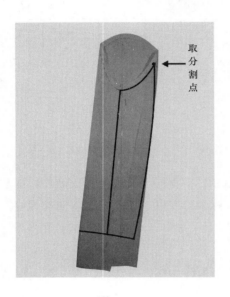

图4-46

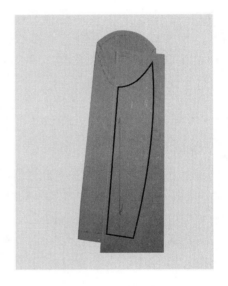

图4-47

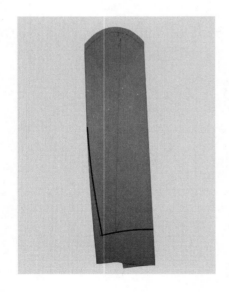

图4-48

5. 复制小袖裁片

用另外一块裁片料覆盖住小袖的整个轮廓，在这块裁片上拓取小袖的轮廓线，留出缝份清剪，重新产生一片小袖片（图4-48）。

6. 标记大袖

展开整个裁片，将大袖外袖缝的上半部分补画圆顺，并画出袖山、底袖缝、袖口轮廓线，形成完整的大袖轮廓（图4-49）。

7. 裁剪大袖

复制出小袖轮廓后，在大袖轮廓周边留出缝份，清剪掉多余的量。这时就得出了一片半袖的大袖片和小袖片展开图，可按此轮廓拓取袖子样板（图4-50）。

图4-49

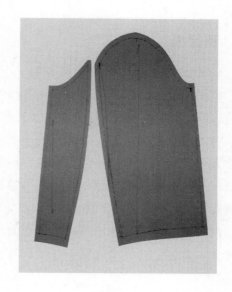

图4-50

8. 拓取样板

　　将大、小两片袖子裁片的袖型轮廓线复制到样板纸上，标记出纱向线和各部位合印点后备用（图4-51）。

9. 缝合确认

　　将大、小袖绱缝在衣片袖窿上，确认立体构成效果，核实尺寸。一片半袖立体构成至此完毕（图4-52）。

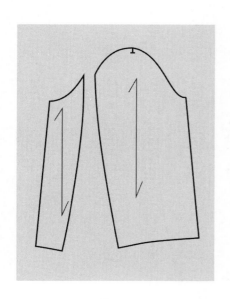

图4-51

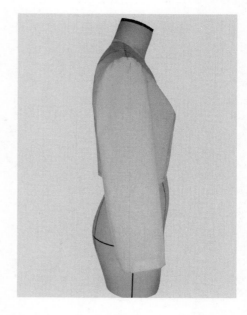

图4-52

三、两片袖

一片袖与人体手臂的生理曲度不符，虽舒适简单，但多用于如衬衫类服装。一片半袖外袖缝上虽有曲度，但前袖缝是直线，从美观程度上讲尚有欠缺。因此，两片袖就成为造型比较讲究的上衣普遍选择。三者之间虽有区别，但袖子都是绱缝在袖窿上，这是它们之间互相换转的根本点。通过立体裁剪研究印证一下其间的关系，就可以自如地制作出更完美的袖型。

两片袖是在一片袖的基础上转化而来的，在此可以参照一片袖的前几个步骤，介绍两片袖的立体构成方法。

1. 基本样板

先立体构成一片袖，确定袖肥、袖长、袖山弧线，并标记完整（图4-53）。

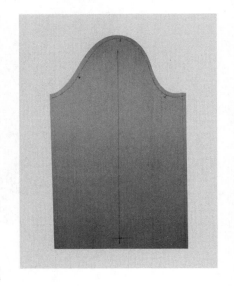

图4-53

2. 折成袖窿

将袖子裁片折合成袖窿，从前部折线处向内量取3.5cm的偏袖量，平行于折线向下画标记线至肘高位置（图4-54）。

3. 小袖片前袖弧度

沿偏袖线标记线外留出缝份开剪口，一边开剪口一边将前袖折线推展，推出需要的袖弧度线（图4-55）。

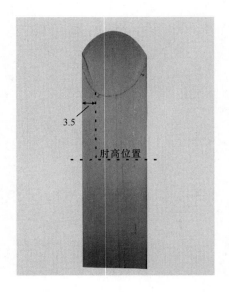

图4-54

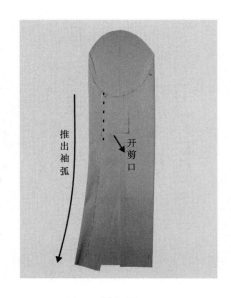

图4-55

4. **标画小袖片**

量取袖长、袖口尺寸，确定外袖缝上侧分割点，如图画出小袖片的轮廓线，包括袖开衩，将外袖缝复制到反面的大袖一侧（图4-56）。

5. **拓取并复制小袖片**

用另一块纱向与大袖裁片纱向相同的裁片，覆盖在标画出的小袖片上，复制出小袖片轮廓线，留出缝份后清剪出小袖片（图4-57、图4-58）。

6. **标记大袖片**

展开整片袖片，将外袖缝上侧补画成顺畅的外袖弧线，留出缝份，清剪掉多余的量，得到大袖片样板（图4-59、图4-60）。

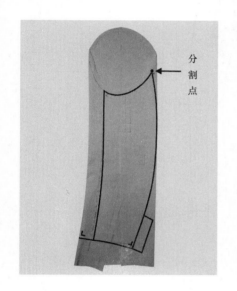

图4-56

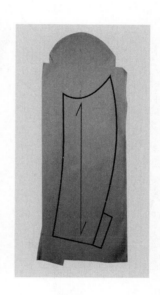

图4-57

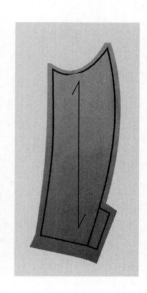

图4-58

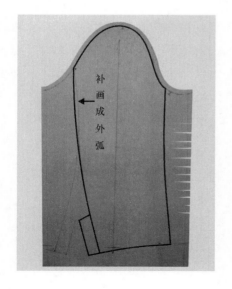

图4-59

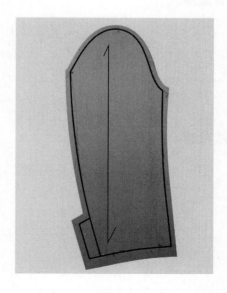

图4-60

至此两片袖立体构成完成。同前面的袖子一样，拓取样板之后缝合确认即可试装确认。

阅读理解：袖山与袖窿

袖子是绱缝在袖窿上的，因此，袖山弧线的形状与袖窿的形状有直接的关系。很多参考的平面结构制图都用胸围尺寸来计算袖山高或袖肥尺寸，显然有误差。要实现袖窿与袖山之间形态上的完美对应，立体裁剪自然为最佳方法。袖子的变化，无论是几片袖，只要使袖山与袖窿吻合，则可以在满足机能性要求的情况下做任意的袖型变化（图4-61）。

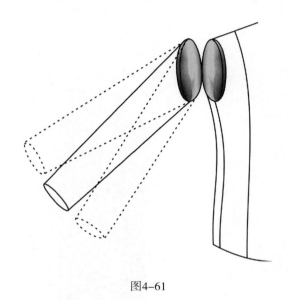

图4-61

本节重点

尽管平面结构制图能很方便地构成袖子，但立体裁剪构成袖子的意义在于立体构成的过程中更好地把握袖山与袖窿之间的关系。平面画出的袖窿与缝合后的袖窿是有区别的，角度因为前后宽尺度的变化而发生微妙的变化，通过立体构成去理解这些内容，可以达到"无招胜有招"的效果，以后在构成袖型时可以更加轻松随意。

实践项目

1. 一片袖的立体构成与展开图。

2. 一片半袖的立体构成与展开图。

3. 两片袖的立体构成与展开图。

4. 将展开图与缝合好的袖子一起提交作业。

边讲边练——

衬衫立体裁剪

课题名称：衬衫立体裁剪

课题内容：1. 基本型衬衫立体裁剪

2. 变化型衬衫立体裁剪

课题时间：28课时

实践项目：1. 衬衫立体裁剪

2. 应用原型绘制参考制图

3. 局部不对称衬衫

知　识　点：1. 衣片造型基础

2. 应用原型绘制参考制图

3. 活褶的应用

教学要求：本章为立体裁剪范例之一，通过教师示范、学生实践的方式，完整地应用立体裁剪技术来完成衬衫样板的制作。通过两款衬衫的立体裁剪，掌握立体裁剪的应用技能。引申的内容包括应用原型绘制参考制图，使学生知道参考制图的由来。

第五章 衬衫立体裁剪

衬衫是最常见的服装品类，作为初学内容，第一个范例选一件结构形式较简单的衬衫学习绘制参考图的方法。第二个范例利用夏装材料轻、软、薄的特点做垂褶效果的练习并解决在左右衣片不对称的情况下拓取样板的方法。其中省量的处理方法，也是一个特别需要加以学习的知识内容。

第一节 基本型衬衫立体裁剪

一、立体构成

本款衬衫是外穿型长袖衬衫，左右身为对称结构，直身廓型，其余细部如图。本款衬衣适合用多种材料缝制。穿着时要求宽松舒适，余量充分，机能性强。板型要求为身片、袖子至顺下垂。

1. 款式图（图5-1）

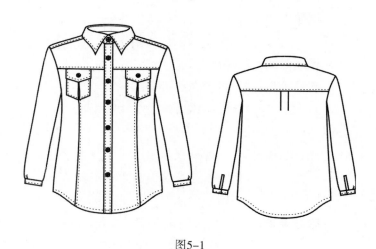

图5-1

2. 白坯布准备

本款衬衫是左右身衣片对称，所以取半身样板即可。可按照衣长加横断接合缝份和上下折边缝份备料。将面料沿纱向整烫平展，标入前后中心线、搭门线和纱向线等基准线。

3. 人台准备

用布带在人台两BP点间横向拉平，保证样板前中心平直。

4. 前衣片

将裁片的前中心线与人台的前中心模型线重合对齐，肩缝线上留出缝份，分别在前中心、BP点和人台小腹部最突起处三点用针固定（图5-2）。

5. 前胸横断位

在预设的横向分割线位置标记断开位置。注意尺子直立从前中线围量移动至袖窿位置（不要平贴在人台上），从正面观察时，分割线为一条水平的直线（图5-3）。

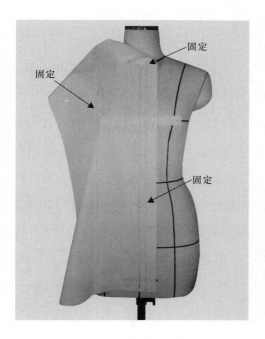

图5-2

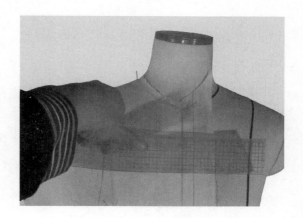

图5-3

6. 清剪前过肩片

沿分割标记位置留出缝份（缝份大小视明线宽度而定）清剪，同时留出缝份清剪出袖窿（图5-4）。

7. 前中下片

将前身中下片的前中心线与人台的前中心模型线重合对齐，分割线处留出缝份与前过肩片搭接固定（图5-5）。量取前身中下片宽度，将前过肩片折缝在中下片上（图5-6）。

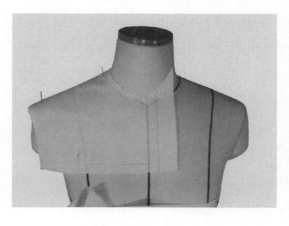

图5-4

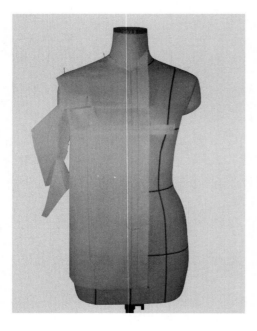

图5-5

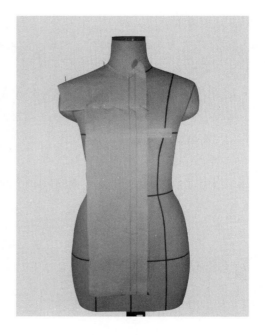

图5-6

8. 前侧片

取适当长度的前侧片料，在裁片中央位置标记纱向线，纱向垂直向下。前侧片与前过肩片和前中下片之间留出搭接缝份后固定（图5-7）。前侧片在腰围处略收进腰围尺寸，并在与人台臀围线对应的前侧裁片正中位置留出下摆宽松量1～1.5cm，用针临时固定（图5-8）。

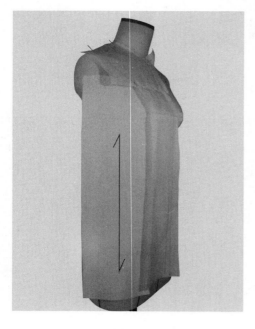

图5-7

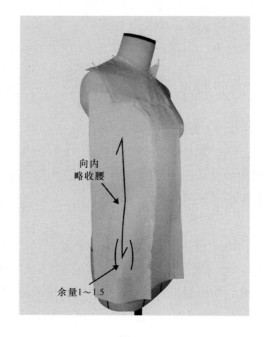

向内略收腰

余量1～1.5

图5-8

9. **缝合前片**

留缝份清剪前侧片缝，前中下片折缝份压缝在侧片上，此时应保持前胸围上的宽松量指向前侧片腰围位置（图5-9）。

10. **清剪前侧片**

将侧片整理成平面贴合至人台对应的侧面，推出胸围宽松量，在人台侧缝模型线外留出2~2.5cm的缝份，清剪侧缝和袖窿（图5-10）。

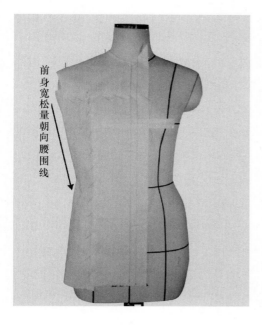

图5-9

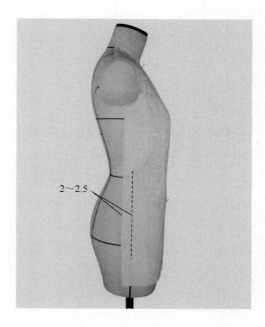

图5-10

11. **后衣片**

将后衣片上的中心线与人台后中心模型线重合对齐，肩缝上留出缝份，分别在后领中心处、肩胛骨处和臀位线处用针固定（图5-11）。

12. **后领围、肩缝**

沿后领围留出缝份清剪出后领口，裁片推至肩部，清剪并折叠缝份，压缝在前过肩片上（图5-12）。

13. **后过肩**

量取后过肩宽尺寸，将横向分割位置标记为水平线，视明线宽度留出缝份清剪，同时清剪出后袖窿（图5-13）。

14. **后身下片**

将后身下片整理成平展下垂状态，在后身分割线处用折缝针法合缝后身下片与后过肩片（图5-14）。

15. **侧缝**

清剪后身片侧缝和袖窿，标记衣片的袖窿、底边、袋口位等（图5-15）。

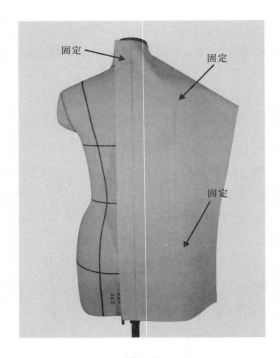

图5-11

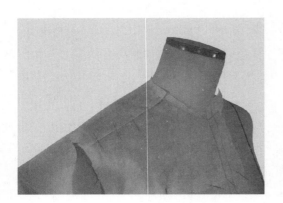

图5-12

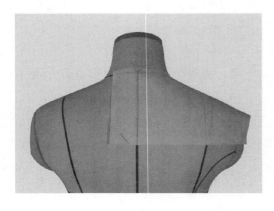

图5-13

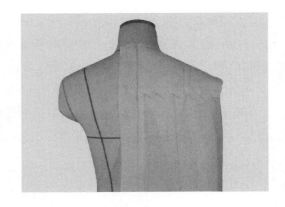

图5-14

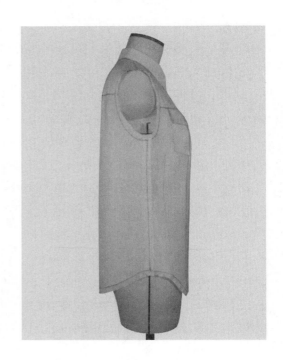

图5-15

16. 领子

标记出前后领围，后领口在模型线基础上开深0.5cm，颈侧领宽开宽0.5cm，前领深开深1cm（图5-16）。根据领长和领宽，量取领子用料，标记后领中心线和大致坐标位置（图5-17）。将立领裁片上的后中心线与人台后中心线重合对齐，沿预设的领围线固定（图

5-18）。在领子下面边打剪口，将领子立起来，围绕颈部均匀留出间隙，沿着预设的领围线环绕至前领中心搭门位置，标出立领的高度（图5-19）。

图5-16

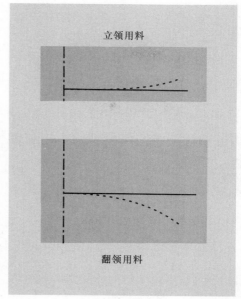

图5-17

图5-18

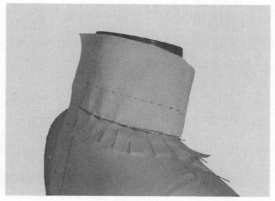

图5-19

17. 折净立领

立领留出缝份清剪掉多余的量，将立领的缝份向内折叠，整理出前领角形状（图5-20）。

18. 翻领

将翻领用料的后中心线与立领的后中心线重合对齐，使翻领折线高出立领净印线0.5cm，固定领上沿位置（图5-21）。沿着翻领的领下口坐标线留出缝份清剪，使之围绕在立领领外口上，折起翻领领外口，使之平服贴合在前部肩上（图5-22）。折叠翻领领下口缝份，与立领的领外口用针固定在一起，将翻领领外口折净，使之平服贴合肩部，整理出翻领的领角形状（图5-23）。

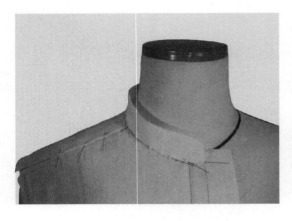

图5-20

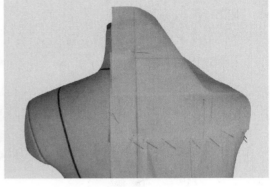

图5-21

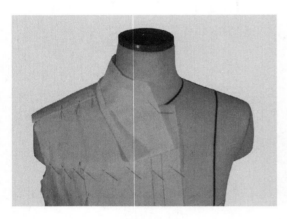

图5-22

图5-23

19. 袖子

按照袖长尺寸量取袖长用料，参照第四章第二节袖型基础立体裁剪的方法测算袖肥。按照确定的袖肥将袖子先折成一个直筒（图5-24、图5-25）。

20. 试装袖子

在前胸宽、后背宽、袖山点三个位置上，把确定袖肥之后的袖窿，用挑针缝的针法固定在袖窿上，审视袖子的纱向是否垂直向下及装袖效果是否达到要求（图5-26）。

21. 清剪袖山

将袖窿取下，清剪出大致的袖山形状，重新用针缝在袖窿上。用手拉起袖口，审视是否可以在不牵动前、后衣片的中心线时，将袖子轻松抬起45°，确认袖子的基本机能性。之后在袖窿底部将袖子固定，确定袖山高（图5-27、图5-28）。

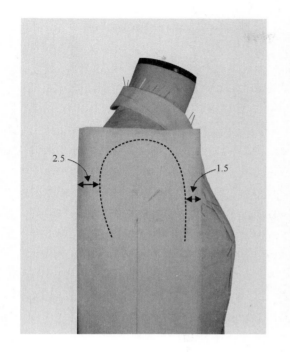

图5-24

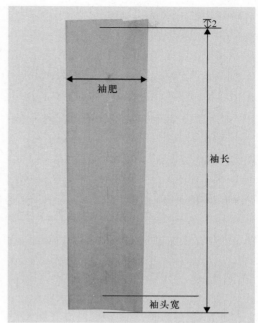

图5-25

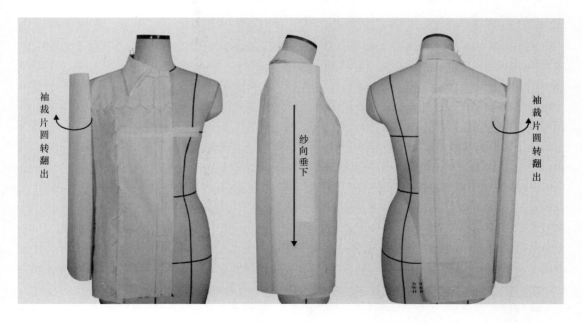

图5-26

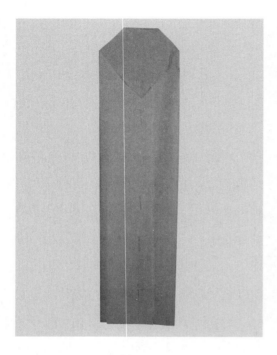

图5-27

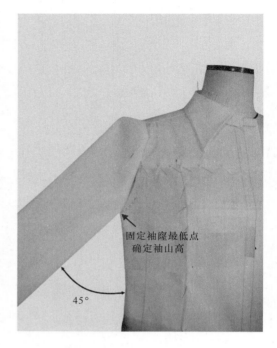

固定袖窿最低点
确定袖山高

45°

图5-28

22. 确定袖山、收束袖口

用挑针缝的针法将袖子与袖窿合缝在一起，在衣片和袖子缝合的位置上一起做标记，得出袖山线，量取袖长，折缝一个袖头安装在袖口上（图5-29、图5-30）。

图5-29

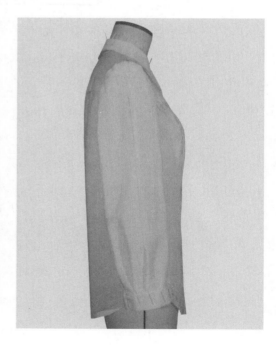

图5-30

23. 标记袖底缝

将标有袖山、袖口标记的袖子取下，在袖子内侧的袖口中间处做标记点，直线连接至袖山圆弧上的最低点（对应衣片上的侧缝位置），形成一条新的袖底缝（图5-31）。

24. 标记全部裁片，展开裁片

在衣片、袖片、领片、纽扣位、袋口位等所有位置上做标记。特别注意要在前身片BP点、前侧片与前中两片在胸围线的接合处、前中心线腰围线位置分别做标记，供绘制参考制图之用。然后将全部衣片取下，用尺子将标记点连接成轮廓线（图5-32）。

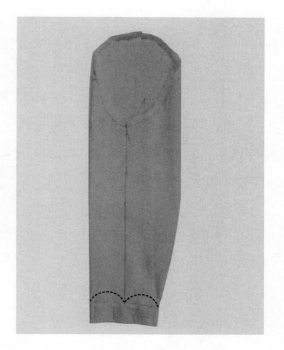

图5-31

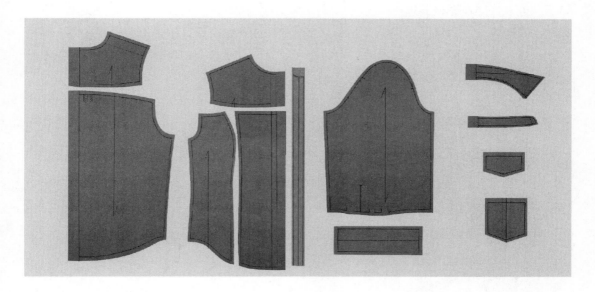

图5-32

25. 拓取样板

使用滚轮、复写纸在样板纸上复制裁片的轮廓线，制成净样板，加放缝份，即可成为该款衬衫的中心号样板，此时应注意的是：后过肩和领子应对称，做成整片翻领和整片过肩图（图5-33）。

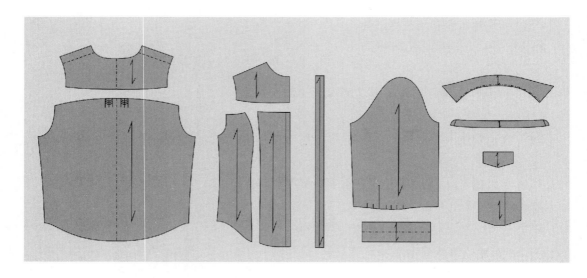

图5-33

26. 缝合确认

应用立体裁剪构成的服装裁片，因为各种原因，它终究不能和缝纫之后的效果相比，为了得到精确的样板，有必要将裁片缝合起来进行效果确认（图5-34）。如果出现细小的问题，可以直接在样板上进行修正，如果出现造型效果方面的问题，则需要替换裁片重新进行立体构成。中心号样板决定着放码、批量生产成衣的质量，丝毫不能松懈怠慢。服装品类不同，审核检验的重点也不同。左右对称的服装只要缝合半身确认即可，而左右不对称的服装则需要进行全身缝合确认。

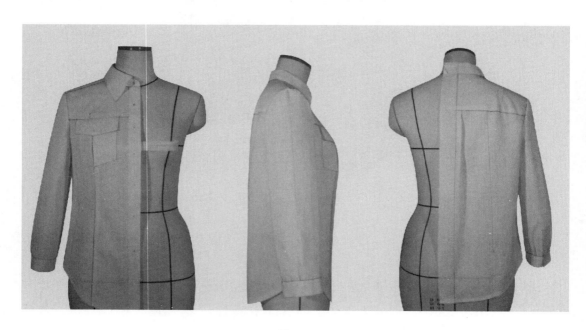

图5-34

本款立体裁剪构成的衬衫，需要审核、检验、确认有以下几个方面：

（1）把衬衫的前后领中心点固定在人台上，核实前后中心线有无偏斜。

（2）核实贴合区是否贴合平服。

（3）核实前胸宽、后背宽以下的衣片余量是否直顺下垂。

（4）核实翻领领外口线是否贴在前后肩部。

（5）核实前后分割线是否平直。

二、绘制参考制图

在企业里应用立体裁剪制作样板，制作出的中心号样板核实无误，即完成一项工作任务。但作为立体裁剪的初学者或出于研究立体裁剪的目的，则有必要发掘一下立体裁剪的延伸内容 —— 绘制参考制图。所谓参考制图，即赋予应用立体裁剪得出的中心号样板一套公式、比例和定寸，使之可以成比例的放大或者缩小。让其他人可以依照这套公式、比例和定寸为不同身材比例的人去制作同样款式的服装样板。平时学习平面结构制图时，教科书上提供给我们的图纸，都叫参考制图。

学习绘制参考制图有两个意义：一是知道了参考制图的来历，通过绘制参考制图可以达到"印证"平面结构制图的原理。知道它是怎么来的了，也就不会再有看不懂参考制图的情况发生，这对于提高自身样板制作技术水平极有帮助。二是有了绘制参考制图的能力，可以将自己创意的优秀样板发表出来，提供给更多人参考制作出漂亮的服装。

制作参考制图的步骤如下：

1. 接合样板

把衣身裁片样板接合在一起，注意：前过肩片与前中片不留间隙对合，前中心呈一条直线。前侧片与前中片在胸围线合印点处对合。纱向平行放置，勿让裁片样板歪斜。后衣片与后过肩片的中心线对齐，呈一条垂线。前后衣片的袖窿最低点水平对齐，过前腰围线上的标记位置画一条水平线直至后中心线（图5-35）。

2. 植入原型

如图5-35所示，前过肩片与前中片无缝隙接合，在前腰围线与前中心线交点处画一条水平线贯通到后中心线。本款衬衫有前分割线，省量大部分处理在胸围线以上的部位，所以应选择在人台上制作的胸上省原型。

（1）前身原型。将前身原型的前中心线与前衣片样板的前中心线重合对齐，使其落在前片腰围线上的水平位置上，如图5-36（a）所示。

（2）后身原型。原型的后领中心是以人台模型线为基准的，而衬衫的后领深挖深了0.5cm。那么安置原型时应该把后身原型在裁片样板后领中心的基础上提高0.5cm，如图5-36（b）所示。

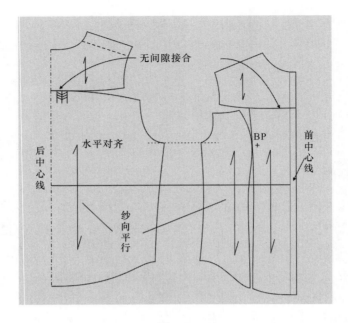

图5-35

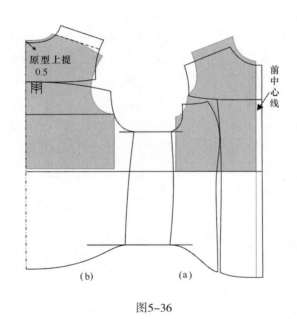

图5-36

3. 标各位置辅助线和尺寸

比较原型，在与原型有尺寸差的位置上，依次标注辅助线和加放的尺寸。

前后衣长加放量→前后片胸围加放量→前后袖窿深加放量→前后领深、领宽加放量→前后过肩分割位置→前后肩宽加放量→肩缝线走前量→前胸宽、后背宽加放量→省位加放量→搭门宽→下摆起翘量→扣眼位置等（图5-37）。

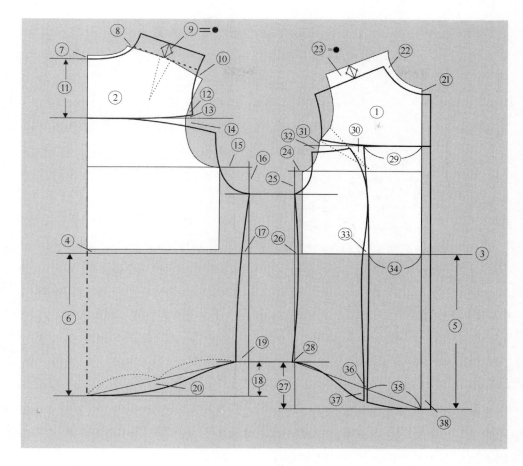

图5-37●

　　袖子的标注要标出袖窿长与袖山线的长度关系。袖山线的曲度与袖山吃量大小有直接关系，标注之后应予以核实，并且给予弧线定寸（图5-38）。

　　领子的尺寸标注要考虑与衣片的关系（领长与领口的关系等），并能从中提示出这种关系，则是合理的标注方法（图5-39）。

　　每个款式的服装对应原型的加放量都是不一样的，此处不能提出一个限制学生各自发挥的固定尺寸，而只提示出标示的位置。请在实际工作中按照实际情况标注。检验是否标注完整的方法是：将1：1比例的展开图缩画成1：4或1：5的缩小图，在绘制缩图的过程中可以检验出哪个位置的尺寸没有标全或不够准确。如果能够在学生之间互相交换画缩小图，则更能检验出有无差错。

　　在实际生产当中无须绘制展开图和标注尺寸。做这样一个练习，是因为学习服装样板制作时通常都是从平面结构制图开始的。对于那些曾经似懂非懂的结构制图来说，它是怎么来的？通过这样一个练习可以得到答案。绘制参考制图能够"印证"以前学过的结构制图。

───────────────

❶　图中序号为制图步骤。——编者注

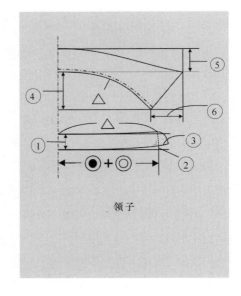

图5-38 图5-39

领子

本节重点

本节完整地实施了立体裁剪完成一件服装的立体构成、样板制作、参考制图制作。目的在于通过一次实践，完整地贯通立体裁剪所涵盖的全部内容。作为立体裁剪的初学者，需要严谨地领会每一步的知识，并掌握每一步的技能。

实践项目

1. 完成衬衫的立体裁剪。
2. 完成衬衫的样板制作。
3. 完成该衬衫的参考制图。
4. 缝合裁片，与参考制图一起提交作业。

第二节　变化型衬衫立体裁剪

一、立体构成

衬衫一般会采用较薄、软、透的纺织面料，采用这种面料，首先可以发挥其垂感强和质地柔软的特点，同时也提出了不宜有很多分割线的要求。本款衬衫是一款局部不对称的款式，所以应该尽量减少分割线，利用其柔软的特性，用活褶来辅助造型。

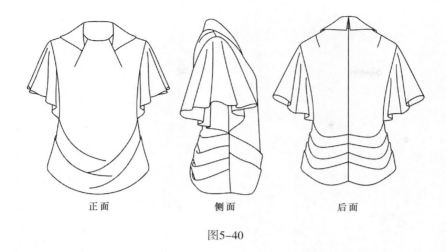

正面   侧面   后面

图5-40

1. **款式图**（图5-40）

2. **白坯布准备**

该款衬衫的前身是一个整身片，连身翻领式样，腰围线以下左右身不对称，因此准备材料时要预设一个可以容纳整身样板的宽度。将白坯布的整个幅宽利用起来，在正中央画一条贯通的前中心线，长度上按照"领高+衣长+褶量+折边缝份"的长度备料。用料沿纱向整烫平展，比对人台上的相应位置，标记前中心线、胸围线、腰围线等基准线（图5-41）。

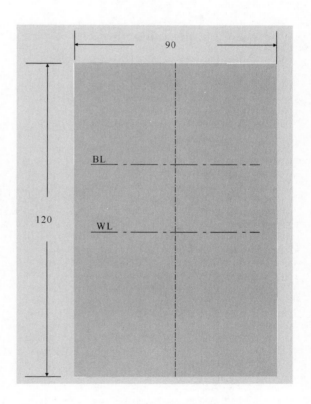

图5-41

3. **人台准备**

将布带在人台两BP点间横向拉平固定，保证样板前中心平直。

4. **前身衣片**

将裁片的前中心线与人台的前中心模型线重合对齐，肩缝线以上留出约20cm青果领长度的量，将裁片上预设的胸围线、腰围线与人台上胸围、腰围模型线的位置对齐，分别在前中心、左右BP点和人台小腹部最突起处的几点固定（图5-42）。

5. **前领剪口**

沿前中心线从裁片上部开剪口至预设的前领深位置，将前身衣片上的省量折转到前领弯位置上，保持肩部贴合，衣片余量直顺，用针在肩部固定（图5-43）。

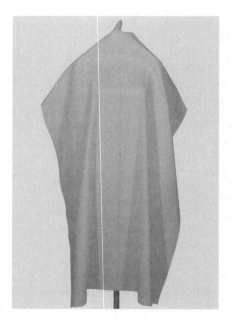

图5-42   图5-43

6. 后领剪口

确定裁片的肩缝位置，预留缝份后清剪出前侧肩线，在距颈侧点1cm处斜向打一个剪口（图5-44）。

7. 前袖窿

理平裁片前肩部贴合区域，在侧缝线位置向前身推出胸围余量，清剪出大致的前袖窿（图5-45）。

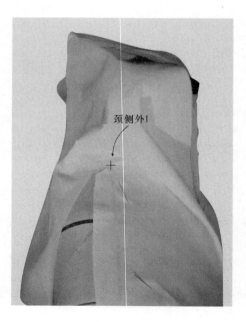

颈侧外1

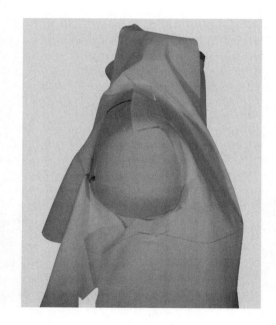

图5-44   图5-45

图5-46

8. 前领省

　　将裁片上的省量折叠处理在前领弯上，省尖指向前身BP点，用折缝针法固定，标记出前领深线和省宽、省尖位置（图5-46、图5-47）。

图5-47

9. 前领

　　在裁片上标记省道后如图剪开，沿内侧开剪口（图5-48），将领子打一活褶，折缝进省缝中固定（图5-49）。

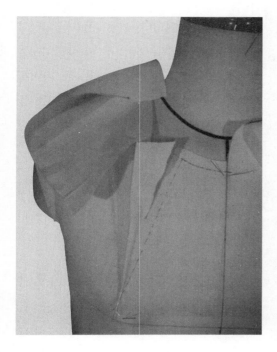

图5-48

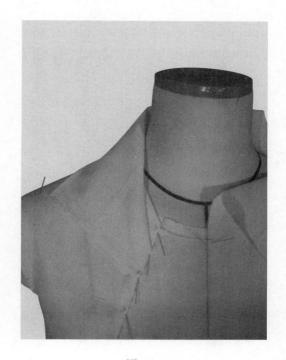

图5-49

10. 后领

将后领沿人台领围模型线折转至裁片后领中心位置，清剪领下口线并折缝份（图5-50）；确定领底和翻领宽度，折出翻领部分，使翻领外口服帖在后肩部位（图5-51）。

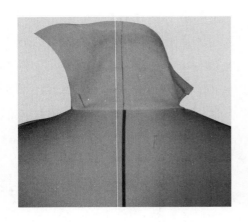
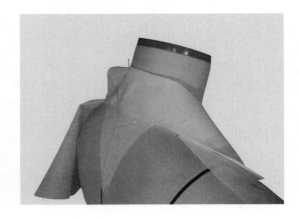

图5-50   图5-51

11. 前身活褶

依次在裁片上折叠前身活褶，按照裁片预先标记的腰围线下相同的尺度位置左右交叉，务必使衣片最下端的前中心线与人台上的前中心模型线对齐（图5-52）。

12. 后身衣片

将后身衣片上的后中心线与人台上的后中心模型线重合对齐，肩缝部位留足缝份，分别在后领中心位置、肩胛骨位置和臀围线位置用针固定（图5-53）。

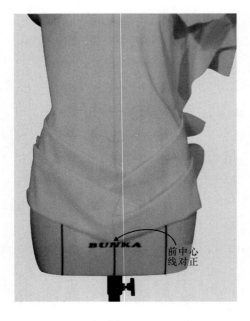
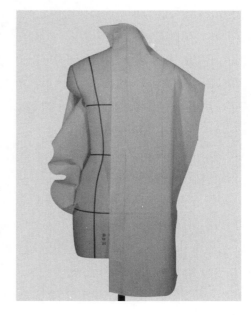

图5-52   图5-53

13. 后肩

清剪后身衣片领口处，与后领贴合固定，确定领口尺寸，收肩省（图5-54）。

14. 折叠后领

折叠后领缝份压缝在后身衣片的领口处，清理颈侧剪口，将肩缝折缝在前肩部（图5-55）。

图5-54

图5-55

15. 折缝肩缝

衣片颈侧位置折净剪口，将后衣片肩省折叠，折缝在肩部。此时应注意的是颈侧部位不能有毛茬（图5-56）。

16. 后腰身

沿肩胛骨位置将衣片贴合人台，把裁片垂直向下理至腰围线处，余出的量分别推向后腰中心和后侧位置，这时会出现一条新的后中心线，固定住后中心线，标记新的后中心线（图5-57）。

图5-56

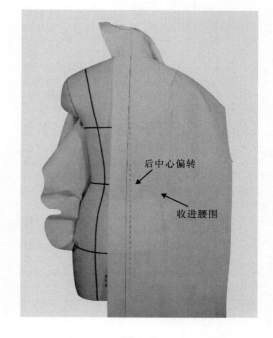

图5-57

17. 后身衣片活褶

将后身衣片活褶收起，在后中心线处固定，在活褶上按照人台上的后中心模型线位置标记裁片的后中心线（图5-58）。

18. 侧缝

整理侧缝位置的活褶，将衣片侧缝与人台的侧缝对齐，把最上面的褶位与前身片的褶位放在等高的位置上（图5-59）。

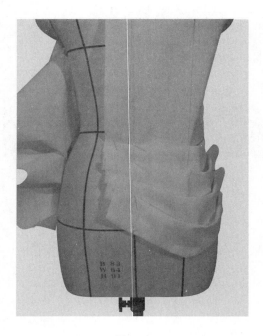

图5-58

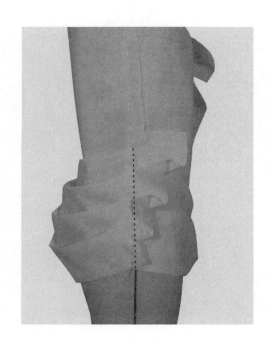

图5-59

19. 袖窿

后身衣片侧缝留缝份后清剪，用折缝针法合缝前后身衣片侧缝。清剪袖窿并标记袖窿线。该款衬衫的袖子为伞型袖，具备足够的机能性，袖窿大小不能影响手臂活动，因此袖窿可以适当开浅一些（图5-60）。

20. 标记不对称部位

前身衣片下摆上的活褶为左右不对称的结构，需先将裁片缝合确认，之后再进行其他操作。标记的方法是：前衣片对应人台腰围线位置，以等高的尺度安置褶位，并做标记，前衣片对应臀围高度基准线，分别做左右身衣片的轮廓线标记。核实收起褶量之后的净尺寸，保持左右一致（图5-61）。

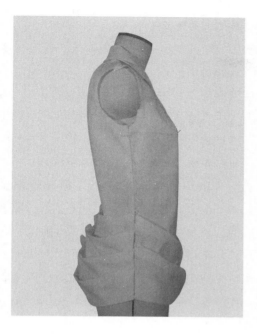

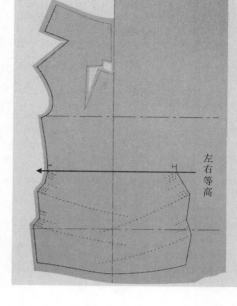

左右等高

图5-60   图5-61

21. 复制左侧前身衣片

腰围线以上的左右衣片是对称的，可以直接复制出来。方法是：以前中心线为轴，将左右身衣片对折起来，将腰围线上左右身衣片等高位置的合印点对齐，把右半身衣片的轮廓线复制到另一侧衣片上（图5-62）。展开后的前身衣片腰围线以上是对称的，腰围线以下是不对称的（图5-63）。

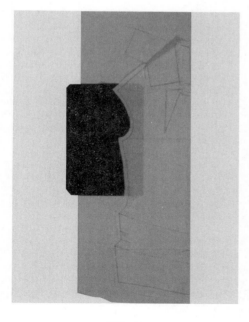

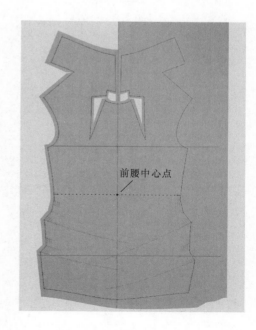

前腰中心点

图5-62   图5-63

图5-64

22. 标记并复制后身衣片

后身片是对称的，若无缝合确认的需要，制作单侧样板即可。但本款的左右身衣片活褶是不对称的结构形式（包括以后所有不对称的），需要缝合确认后观察实际效果，所以需要将左右身衣片都复制下来（图5-64）。

23. 拓取样板

虽然裁片的下摆活褶不对称，但其他部位（袖子、领子）是对称的。为了保证领子、袖子和整体造型的对称，需先拓取样板进行确认，之后再进行其他部位的操作。初学者可以在裁片上事先标记更细致的网格，以便于掌握对称点（图5-65）。

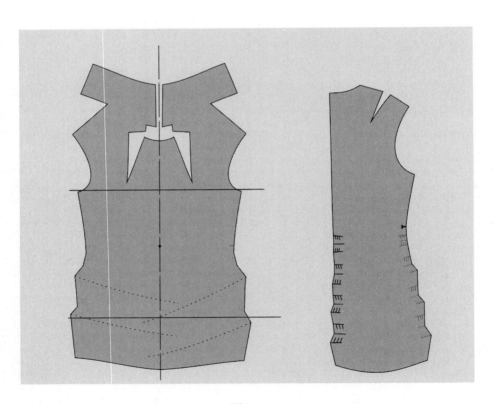

图5-65

24. 袖子

按照袖长尺寸量取袖长用料，按照常规袖肥的2倍测算袖肥，在袖子裁片中央画上经纱的纱向线（图5-66），将袖子裁片向内折成一个三角形（图5-67）。

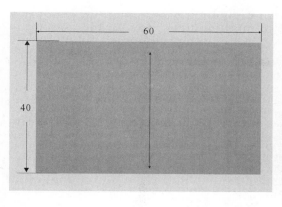

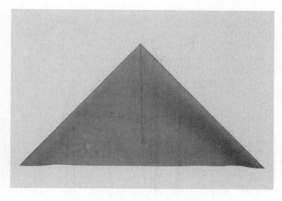

图5-66　　　　　　　　　　　　　　　　　　图5-67

25. **试装袖子**

将折成三角形的袖子裁片的顶端用挑针缝法固定在袖窿最高点，整理出袖中垂褶，分别在第二、第三褶位处开剪口，并用针固定（图5-68）。

26. **袖山**

逐次边打剪口边将袖子与袖窿用挑针缝法合缝在一起，保持垂褶均匀自然，将袖底缝缝入侧缝线（图5-69、图5-70）。

27. **拓取袖子样板**

将袖子裁片取下后展开袖子裁片，标记好合印点，拓取袖子样板（图5-71）。

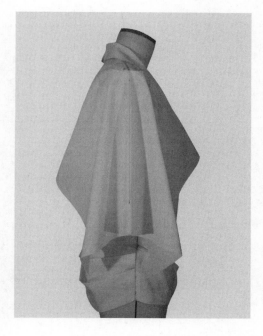

图5-68　　　　　　　　　　　　　　　　　　图5-69

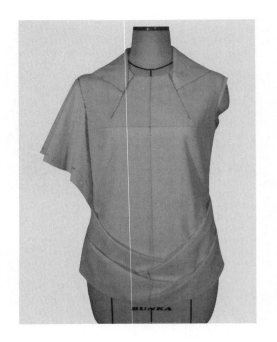

图5-70

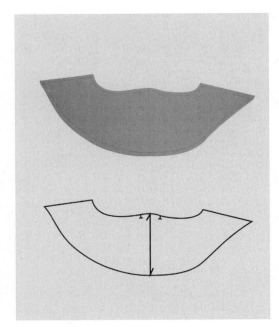

图5-71

28. 缝合确认

将全身裁片全部缝合起来，在后中心线上自后领中心处向下至臀围线位置安装一条拉链，穿在人台上核实立体构成效果（图5-72）。

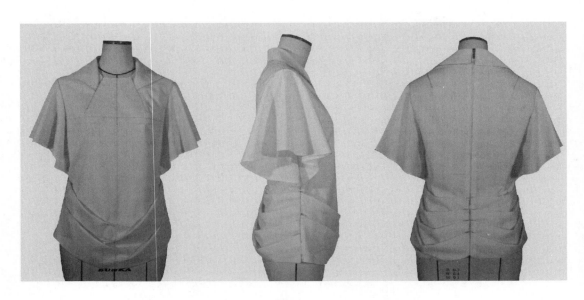

图5-72

核实的项目包括：

（1）对照款式图核实造型效果。

（2）核实前后中心线有无偏斜。

（3）核实贴合区是否贴合平服。

（4）核实前胸宽、后背宽下的衣片余量是否直顺垂下。

（5）核实翻领外口是否贴实前后肩部。

（6）活褶效果是否自然，是否扭曲变形。

（7）核实其他细节。

二、绘制身片参考制图

使用原型绘制参考制图时，通常要依据服装的款式特点将原型的省量转移到相应的位置上之后再附着原型。绘制本款衬衫的参考制图，需要将原型的省量事先转移到前领围线位置上，然后按照如下顺序绘制参考制图（图5-73）。

1. 腰节线

将前身衣片上腰节标记点与原型腰节位置对齐，画一条水平线作为腰节线，并延长至后身衣片所需的位置。

2. 前衣长

在前中心线上，从前衣片腰围线处画垂线至实际前衣长位置。

3. 前身衣片下平线

过前衣长下端点画一条水平的前衣长下平线。

4. 前身胸围

过实际前身衣片的袖窿下点画一条垂线与前身下平线相交。

5. 后领中心

实际身片通常会在原型的基础上将后领深开深一些，绘制参考制图时，要根据开深的尺寸定原型的后领中心点位置。即实际领深开深了多少，此时要将原型的后领中心点提高相应尺寸。此时可能会发现原型的前、后身腰节并不在一个水平位置上，会发生如图中A所示的一个差距尺寸，这是由收腰量的多少来决定的。按照实际发生的尺寸标注即可。

6. 后衣长

在后中心线上，从腰围线向下画垂线至实际后衣长位置。

7. 后身衣片下平线

过后衣长下端点画一条水平的后衣长下平线。

8. 后身衣片胸围

过实际后身衣片的袖窿最低点画一条垂线与后身衣片下平线相交。

9. 细节尺寸

对比原型在其他部位添加辅助线，在每个需要控制尺寸的位置上标注实际尺寸，以能

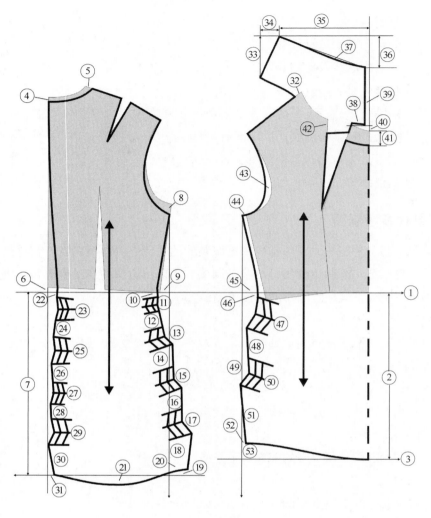

图5-73

够提示每个细节尺寸的控制方法为准。

本节重点

本节是一次完成局部不对称服装的立体构成与样板制作。目的在于通过体验并掌握不对称服装的立体构成与样板制作方法，为应对复杂款式的服装结构做好技术准备。

实践项目

1．在教师的示范指导下完成该衬衫的立体裁剪。

2．完成衬衫的样板制作。

3．缝合衬衫作品，连同样板提交作业。

边讲边练——

半身裙立体裁剪

课题名称：半身裙立体裁剪

课题内容：1. 西服裙立体裁剪

2. 喇叭裙立体裁剪

课题时间：12课时

实践项目：1. 西服裙立体裁剪

2. 西服裙样板制作

3. 喇叭裙立体裁剪

4. 喇叭裙样板制作

知 识 点：1. 腰臀部位贴合方式

2. 垂褶的控制方法

教学要求：了解人体腰围线以下躯干与裙装关系，练习西服裙（也称一步裙）的立体裁剪，借以理解基本型裙片与人体的对应关系，掌握立体裁剪制作裙子样板的技能。如何令裙装下摆的波浪垂褶均匀，历来是个技巧问题，本章通过一款喇叭裙（也称斜裙）的立体裁剪，掌握裙下摆波浪褶的制作方法，为以后的变化型裙装立体构成打下基础。

第六章　半身裙立体裁剪

　　裙装是女性最常穿着的传统服装品类，经过服饰历史长河的陶冶，裙装不断地推陈出新，其生命力可以说是无与伦比的。应用立体裁剪制作服装样板能使精心设计的新型纺织材料充分发挥出材料特点，令裙装更具美感。在学习应用立体裁剪制作裙装样板时，应从了解人体腰臀围之间的曲面特征入手。本章将从能充分体现人体曲面特征的西服裙入手，引导建立对腰臀围曲面特征的认识，之后再以喇叭裙为范例讲解充分发挥材料特点的裙装立体裁剪方法。

第一节　西服裙立体裁剪

一、立体构成

　　款式特点：西服裙的前后左右裙片的腰围尺寸各约为设计腰围尺寸的 $\frac{1}{4}$，适用四分法结构，前身裙片为一整片。侧缝线通常略偏后1~1.5cm，从正面看不到侧缝线为准。后身腰围至臀围线高装拉链，后中心线底摆有开衩。

　　1. 款式图（图6-1）

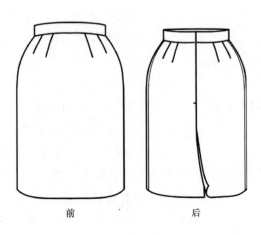

前　　　　　　　后

图6-1

2. 白坯布准备

本裙装为对称的左右裙片结构，因此立体构成右半身即可。准备长60cm、宽40cm的前后裁片各一片，在裁片上标注基准线（图6-2）。

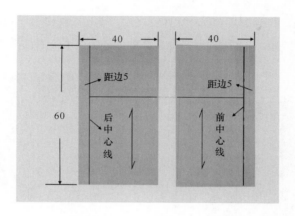

图6-2

3. 前身裙片

将前身裙片的前中心线与人台的前中心模型线重合对齐，标记的臀围线与人台的臀围线重合对齐，分别在前腰中心、前臀围线、侧缝线位置固定（图6-3）。

4. 前裙片侧缝

沿着臀围高线，将前裙片水平理至侧缝位置，然后向前推出1～1.5cm臀围余量，在裁片侧缝处固定，此时应保持经纱的纱向垂直于地面（图6-4）。

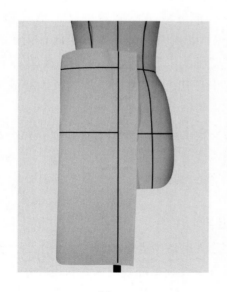

图6-3

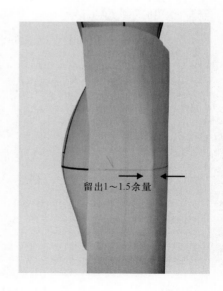

图6-4

5. 前裙片省

前裙片上有两个省，第一个省的位置在人台的公主线上。省的长度不超过中臀围线，省的方向是垂直向下的。将省道两侧的纱向调整为垂直指向腰围线，余出的部分为省量，用合缝针法先固定省量，用封省尖的针法封住省缝下端（图6-5）。

前裙片第二个省置于侧缝线与第一个省位之间，省的长度比第一条省短1cm，通常省量稍大于第一条省，这是因为第二条省对应的是人体曲面较大部位。针法固定同前省（图6-6）。

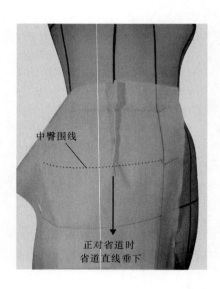
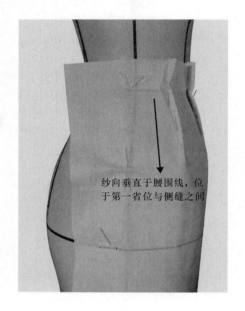

图6-5   图6-6

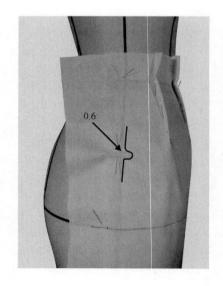

图6-7

6. 前裙片侧缝

在人台的侧缝线上沿着臀围线向后身移动1~1.5cm，标记裙子的侧缝线位置。过此标记垂直向下画线，标记臀围线以下的侧缝，臀围线以上的侧缝至腰围线。纵向留出0.6cm的余量，将前裙片固定（图6-7）。

从造型要求上讲，西服裙从正面应以看不到侧缝线为准。故需在臀围线上将侧缝线后移1~1.5cm标记侧缝位置，然后将侧缝线垂直向下标记至底边（图6-8）。

7. 后裙片

将后裙片上的后中心基准线与人台上的后中心模型线重合对齐，臀围基准线与人台臀围线水平对齐，分别在后腰中心、后臀围线、侧缝处固定（图6-9）。

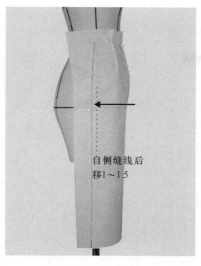

图6-8

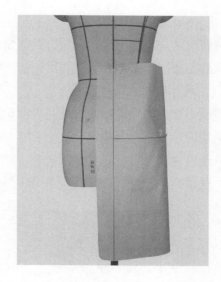

图6-9

8. 后裙片侧缝

将后裙片上的臀围线水平理至侧缝位置，与前裙片的臀围线对齐，留出1～1.5cm余量后固定在侧缝上（图6-10）。

9. 后裙片省

后裙片的省道除了因为对应的曲面弧度偏大而省量偏大之外，收省方法与前裙片相同，需注意的是，在后裙片侧缝腰围线与臀围线之间留出和前裙片相同的余量0.6cm，这是对应穿着裙子时髋骨处的缩进量而留出的余量（图6-11）。

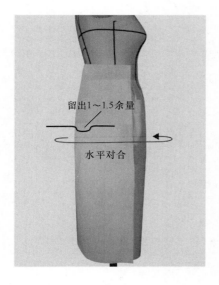

图6-10

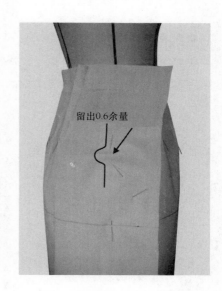

图6-11

10. 折缝标记裁片

将所有的合缝线都改用折缝针法固定，确认前后裙片合缝线长度是否一致，省道应调整为向外凸起的形状，省道并非直线（图6-12）。

11. 确定裙长、绱裙腰

在前中心位置量取裙长尺寸并做标记，用游标高度尺依据标记点量取裙子底边各部位与地面间的距离，将后裙长提高1～1.5cm，做标记或卷折起底边。裁剪一条宽3.5～4cm的腰头缝在腰围线上，标记好腰围长度。绱裙腰头时，自侧缝起逐渐降低1～1.5cm直至后腰中心，这是后身贴合区特点所要求的（图6-13）。

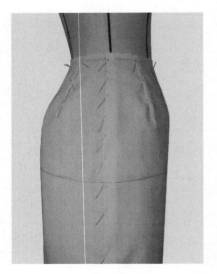 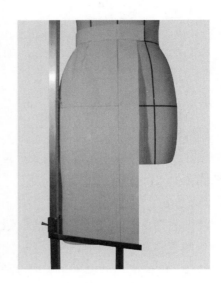

图6-12   图6-13

12. 展开裁片、拓取样板

取下裁片，沿标记点连接出裙子的净样板轮廓线，之后拓取该裙的净样板图。按照缝纫需要加适当的缝份，即可得到该裙子的中心号样板（图6-14）。

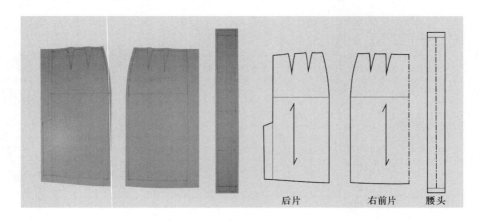

后片   右前片   腰头

图6-14

13. 缝合确认

本款西服裙左右裙片是对称的结构，因此进行半身的缝合确认即可（图6–15）。

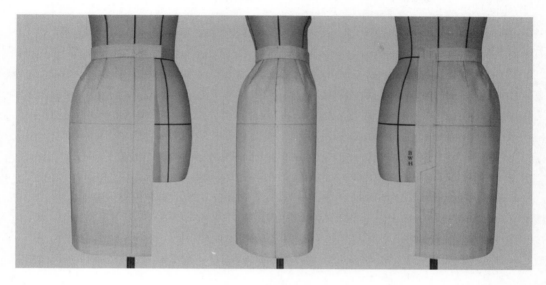

图6–15

阅读理解

西服裙看似简单，但由于要求合体，初学者经常容易把裁片紧紧地包裹在人台上，以为这就是合体，而忽略了应有的机能性要求。经测算，人体坐下时由于受上半身体重的压迫，臀部肌肉横向扩张，臀围尺寸比站立时要大4cm以上。另外，由于裙子较短，自身材料重量不足以自行牵制整条裙片自然下垂，因此必须有足够的臀围余量使裙片可以摆脱肌肤的横向牵制而能够自然下垂。有时看到穿着西服裙时中臀围上有横向褶绉，不能自然下垂，这都是围度尺寸余量不够的原因。

至于省位和省道的方向，由于臀大肌的突出显然大于腰腹部的突起，所以后身的省量要大于前身，而且呈现从前中心至后中心逐渐加大的现象（图6–16）。

如果做进一步的考量，可从省尖位置向下画垂线（虚线所示）至底边（图6–17）。虚线所分割出来的部分可以表示出裁片从各个方向对应腰臀围间曲面的形式。比照人台体表的取样，从中得出的体会将有益于以后所有有关腰臀围间曲面的立体裁剪操作。

二、绘制参考制图

应用四分法绘制西服裙参考制图的方法如图6–18所示，绘图步骤如下。

1. 拼合前、后裙片样板

以保证前、后裙片上的纱向线平行而且垂直为准，将前、后裙片轮廓线上侧缝位置的合印点对齐。

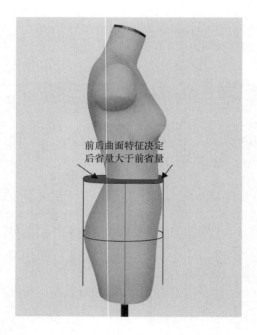

前后曲面特征决定
后省量大于前省量

图6-16

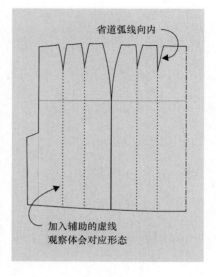

省道弧线向内

加入辅助的虚线
观察体会对应形态

图6-17

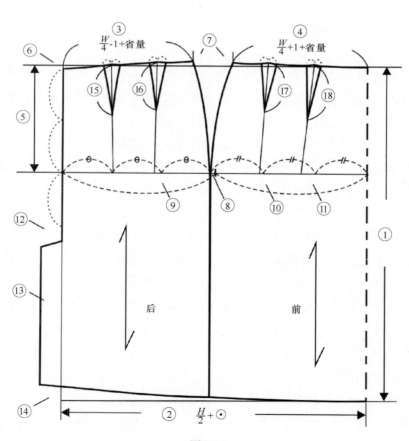

③ $\frac{W}{4}-1+$省量

④ $\frac{W}{4}+1+$省量

后　　前

② $\frac{H}{2}+\odot$

图6-18

2．画辅助线

（1）前裙片是一片整片，要将前中心线画为连折线。

（2）过前裙片上的前腰中心点，画出上平线，延长至后裙片。

（3）过前裙片底边画出下平线，延长至后裙片。

（4）画前、后裙片的臀围线。

（5）过后裙片后腰围中心点，画出后中心线，与下平线垂直相交。

在所有需要标记公式、比例、定寸的位置上标注，如图6-18所示。

3．标注公式、比例关系、定寸

（1）前腰围公式为：$\dfrac{W}{4}$ +1+省量。其中，W为人台的净腰围尺寸，1cm是侧缝后移的调整尺寸，省量以产生在前腰围线上的两个省量之和为准。

（2）后腰围公式为：$\dfrac{W}{4}$ -1+省量。注意，侧缝后移的量可以不是定量，它与裙身上侧缝后移的多少成比例关系。

（3）将臀围尺寸分为两等份，标记出与实际侧缝之间的后移尺寸。或者用 $\dfrac{H}{4}$ ±调整尺寸。

（4）臀围公式为：$\dfrac{H}{2}$ +⊙。H为人台的净臀围尺寸，⊙为半身臀围余量。

（5）省位：每个省宽的中心点，过省尖画延长线与臀围线相交，把前、后裙片的臀围尺寸各分为三等份，标记出各延长线与等分点的定寸⊙。

其他定寸以实际产生的尺寸为准，标记在相应位置上。

绘制裙子参考制图的顺序仍然是先公式，后比例，最后标定寸。以能够最大限度地使制图可以随不同穿着对象的实际腰围、臀围尺寸的变化而成比例地放大或者缩小为原则。

本节重点

本节重点在于通过西服裙的立体构成与样板分析，认识人体腰臀围间的曲面变化特征和贴合要领，掌握西服裙的立体裁剪技能。该西服裙是四分法结构形式，学生应能够根据学过的裙子参考制图绘制出立体构成裙子的参考制图。

实践项目

1．在教师示范后，学生练习裁剪立体构成西服裙裁片。

2．拓取展开图样板。

3．经教师讲解，学生各自完成裙子的参考制图绘制。

4．缝合裙片，连同参考制图一起提交作业。

第二节　喇叭裙立体裁剪

一、立体构成

款式特点：本款喇叭裙整体造型是左右身对称的，前裙片有搭接量，左裙片上有垂褶，裙腰上有两粒装饰纽扣。后身也是左右身对称结构，在后中心线上安装拉链。

1．款式图（图6-19）

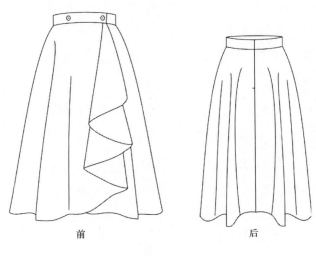

前　　　　　　　　　后

图6-19

2．白坯布准备

不对称的结构通常要分别立体构成左裙片、右裙片。本款的重叠部分可以单独作出一片裁片样板，故准备白坯布时仍只是构成右半身，加放出右半身叠褶需要的长度即可。叠褶越多则需要的面料长度就越长，本款以裙长的1.5倍长度备料。后裙片用料以裙长加折边缝份为准（图6-20）。

3．前裙片

本款喇叭裙从人台的右身侧缝处开始构成，沿人台侧缝模型线外留出缝份，将裙长上端固定于侧缝腰围线。多出的余量置于腰围线以上部位临时固定，保持裙身垂直向下（图6-21）。

4．前裙摆波浪褶

从侧面腰围处临时固定点沿腰围线留出缝份，向前侧褶位处开剪口，整理出右前裙片波浪褶，在腰围线处固定。沿腰围线向前中线开剪口直至左侧扣合位置（图6-22）。

在立体裁剪中，漂亮的垂褶效果不全在于褶的多少，更在于波浪褶的直顺、褶与褶间距的均匀和垂褶的稳定程度，这需要在练习中找到能够表现出造型效果的手法。建议：让

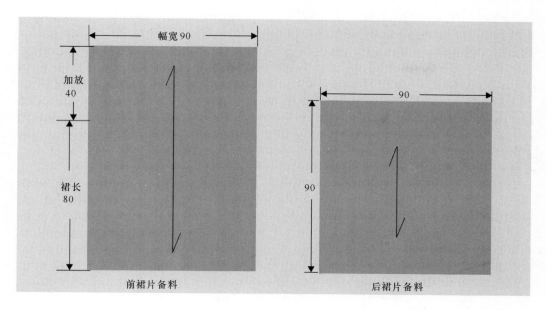

图6-20

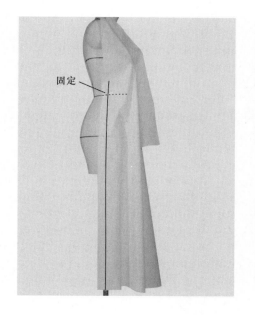

图6-21

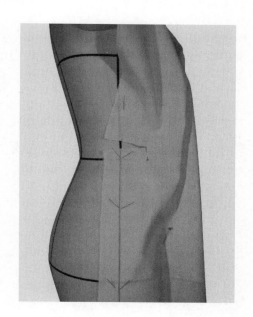

图6-22

贴在臀围上的褶量形成一个近似等边三角形的状态，使垂褶不至于向前或者向后歪倒（图6-23）。

5. 裙片前摆叠褶

将裙片左侧扣合位置之后的面料余量叠成垂褶置于左前侧，清剪掉多余布料，成型后固定在扣合位置上。在已经构成的裁片上标记前中心线，此时的前中心位置为斜纱（图6-24）。

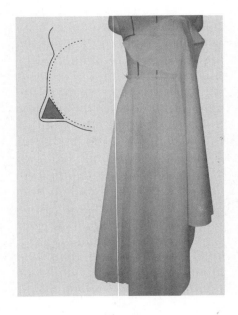
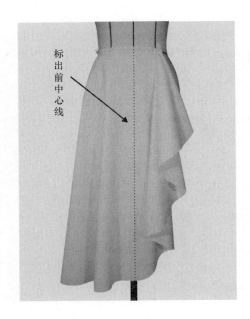

图6-23

图6-24

标出前中心线

6. 后裙片中心线

将后裙裁片上的后中心线与人台上的后中心模型线重合对齐，将裙长的上端固定于后腰围线中心位置上，使裁片自然垂下（图6-25）。

7. 后裙片中波浪褶

自后腰围线中点开剪，在腰围线上留出缝份后，横向开剪口至后中褶处，整理出后中波浪褶，使其正对操作者时垂直向下。褶量大小与前裙片褶量相等，不要忽大忽小，在褶的顶端用针固定在腰围线位置上（图6-26）。

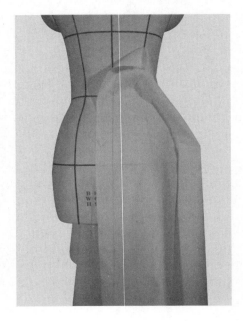
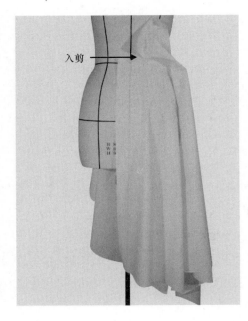

入剪

图6-25

图6-26

8. **后侧波浪褶**

沿腰围线留出缝份向侧缝线处开剪口，在临近侧缝时检查褶与褶之间是否间距均匀，在合适的位置上固定，整理出后侧波浪褶。此时应注意，侧缝是要与前身裙片缝合在一起的，所以必须安排在波浪褶凹进的位置（图6-27）。

9. **侧缝**

叠缝针法合缝侧缝，侧缝一定要安排在两个波浪褶之间凹进的位置上，使侧缝垂直向下，不会对波浪褶造成影响（图6-28）。

10. **缝合裙腰**

将布条折叠成一条宽3～4cm的腰头，用折缝针法固定在前后裙片的腰围线位置上，至前左侧扣合位置时，将腰头折叠包压固定住叠褶（图6-29）。

图6-27

图6-28

图6-29

二、样板制作

1. **展开右半身裙裁片**

首先标记裁片上所有缝合位置，然后，取下裁片将标记点连接成顺畅的轮廓线，从而得到右半身裙的净样板（图6-30）。

2. 复制左半身裙片样板

前左裙片可以在前右裙片的基础上复制出来。在前中位置上搭合的部分可从右半身裙片上截取，保持相应的对称，其他部分与右半身相同。注意：为了保持裙子整体造型的左右对称和统一，复制左裙片时要选择与右半身裙片相同的纱向（图6-31）。

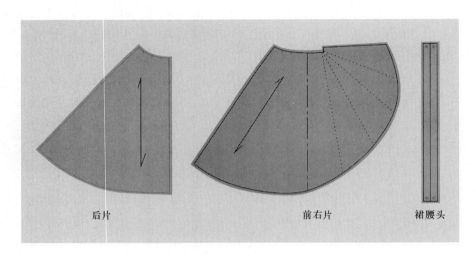

后片　　　　　　前右片　　　裙腰头

图6-30

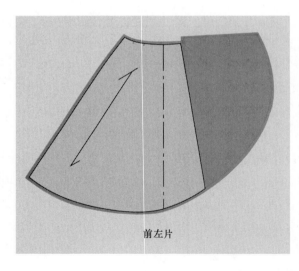

前左片

图6-31

3. 拓取样板

得到左半身裙片后，拓取全部裁片样板，根据缝纫方法检查各部位缝份，加入合印点以及扣位、拉链位置。后身裁片是对称的，采取单片样板即可（图6-32）。

4. 缝合确认

缝合裁片，确认立体构成效果。把裙子穿在人台上，缝合扣合位置。除了扣合位置，其他位置一概不允许有固定的针。用手将人台转动或摇动一下，模拟人体动作，查看裙片上的垂褶在人体发生动作之后有无变化，以能够均匀地自然垂下为准（图6-33）。

斜裙的美观与否，与垂褶的多少有关，但更能体现斜裙的美感，是垂褶的均匀整齐、褶量深浅一致，以及板型。因为腰围的横截面与臀围的横截面不是同心圆，而且前后曲面是不对称的。仔细观察展开图就会发现，腰围线的形状与常见的平面结构制图的腰围线形

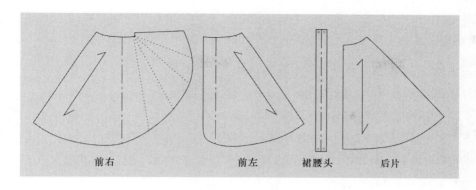

前右　　　　　　前左　　　　裙腰头　　　后片

图6-32

图6-33

状不一样。立体裁剪得出的腰围线不是一个正 $\frac{1}{4}$ 圆或者正圆上的一段弧线。通过观查立体裁剪效果，会对此有所领悟。

　　用比较薄、软、轻的面料缝制大摆裙时，下摆的波浪褶容易发生错乱，从而影响穿着效果。为了使下摆上的波浪褶始终保持稳定，不因面料或静电的原因散乱垂褶，可以用添加配件的方法使波浪垂褶始终保持完美状态。如在下摆的波形褶凹进位置上附着几枚硬币（图6-34）。

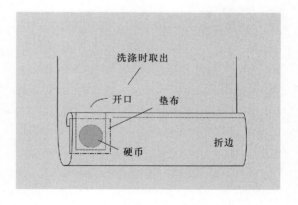

洗涤时取出

开口　　　　　垫布

硬币　　　　折边

图6-34

本节重点

掌握垂褶的立体裁剪要领，在不附加任何手段的前提下用技巧实现垂褶的均匀直顺。学会处理不对称裙片样板的截取方法，掌握样板制作技能。

实践项目

1. 立体构成垂褶斜裙。

2. 制作不对称裙装的样板。

3. 缝合裙片，连同样板一起提交作业。

连衣裙立体裁剪

> **课题名称：**连衣裙立体裁剪
>
> **课题内容：**1．横向分割连衣裙立体裁剪
>
> 　　　　　　2．纵向分割连衣裙立体裁剪
>
> **课题时间：**16课时
>
> **实践项目：**1．横向分割连衣裙立体裁剪与样板制作
>
> 　　　　　　2．纵向分割连衣裙立体裁剪与样板制作
>
> **知 识 点：**1．面料特点应用
>
> 　　　　　　2．可变化的穿着方法
>
> **教学要求：**本章教学重点利用薄型面料特点将连衣裙制成可进行穿着变化的连衣裙。这是一项发挥立体裁剪优势，充分发挥面料特点，开拓设计思路的练习。学生在理解基本设计思路的基础上，无须严格按照教师的示范范例进行立体构成，应尽量融入自己的设计思路。

第七章　连衣裙立体裁剪

连衣裙在女装中拥有极高的地位。总结起来，连衣裙有以下几个"最"字可言：

（1）礼仪级别最高，它是女性在正式场合中的首选礼服装。

（2）历史最悠久，东西方服装史上都以连衣裙为最早的着装形式。

（3）适用地域最广，连衣裙各个地域都能穿着。

（4）适用年龄段跨度最大，从女童至老妪都可穿着。

（5）适用季节性最长，春夏秋冬都可穿着。

（6）无论是造型、款式还是色彩、工艺技法都可以应用在连衣裙制作上。

本章将用两个范例介绍连衣裙的立体裁剪要领。其中第二款将由学生在规定的题目要求下加以创意表现，这是本章的亮点所在。

第一节　横向分割连衣裙立体裁剪

一、立体构成

1. 款式图（图7-1）

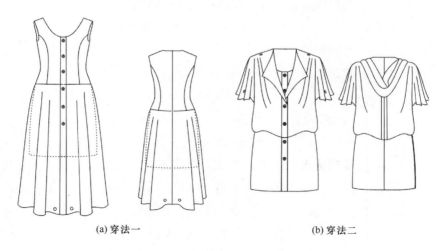

(a) 穿法一　　　　　　(b) 穿法二

图7-1

款式特点：本款连衣裙为前开身单排六粒纽扣，无领无袖，上身为八片结构，裙子部分为内短外长的双层结构，低腰，长裙的侧缝上留有开衩，裙摆的波浪形垂褶的凹进处装有气眼。裙子有两种穿着方法：一是如图7-1（a）所示作为一款连衣长裙穿；二是如图7-1（b）所示利用裙摆上的纽件，将下摆翻折至肩缝处，用绳带穿起固定，成为一件宽松的连体半袖衫。

2. **白坯布准备**

（1）上身：将宽90cm的白坯布整烫平展，比对人台自颈侧点过BP点至前身中臀围线的长度，上下各加3cm缝份，截取该长度的白坯布，分别标上前后中心线和经纱的纱向。比原型的用料长15cm，其他相同。

（2）内裙：内裙用料的准备与西服裙基本相同，因为是低腰，长度减10cm左右。

（3）外裙：外裙用料与斜裙基本相同，同样因为是低腰，长度减10cm左右。如果有条件或者为了核实实际材料的造型效果，可以选用与实际材料性能特点（如垂感、薄厚等）近似的材料，直接用立体构成。

3. **上身前中片**

（1）将上身前中片上标记的前中心线与人台上的前中心模型线重合对齐，分别在颈侧点、前领中心、BP点、中臀围位置上固定（图7-2）。

（2）在上身前中片上标记出前领口、肩缝、袖窿、分割位置，在留出缝份后清剪掉多出的面料（图7-3）。

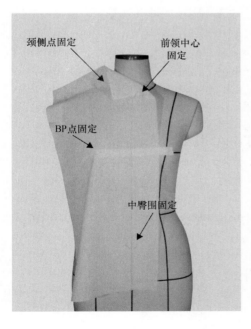

图7-2

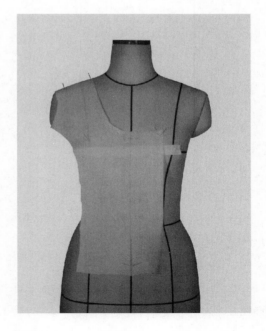

图7-3

4. 上身前侧片

截取符合前侧片长度和宽度的白坯布，在裁片中央标经纱的纱向线，纱向要垂直向下，上身前侧片固定在袖窿接合处，在上身前侧片腰围位置推进收腰量，在腰围线以下3~4cm处固定（图7-4）。

5. 合缝前身分割线

用合缝针法，自腰围线处开始分别向上、向下合缝前中片与前侧片，始终保持侧片的纱向垂直向下。然后清剪掉多余的面料，在侧缝处的胸围线上固定。因为本款是无袖服装，可以不必考虑身片余量与手臂活动所需的机能性问题，在整个胸围的围度尺寸上稍留出6~8cm余量（图7-5）。

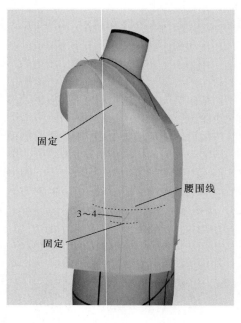

固定

腰围线

3~4

固定

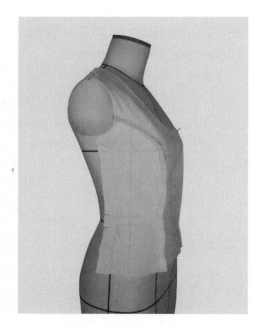

图7-4   图7-5

6. 折缝前身中片和侧片

为了便于裙子裁片的操作以及及时核实立体构成效果，将前身的两片裁片用折缝的针法固定（图7-6）。

7. 后身

（1）将后身片上的后中心线与人台上的后中心模型线重合对齐，用大头针分别在后领中心、肩胛骨和后臀围线上固定（图7-7）。

（2）自肩胛骨位置向下，将裁片贴合人台，并垂直向下理至腰围线位置。这时原来的后中心线会发生偏移，形成一条新的后中心线，标记出这条新的后中心线，然后将腰围

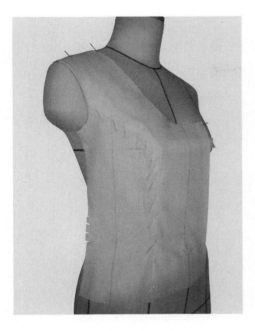

图7-6

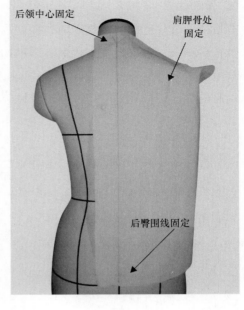

后领中心固定

肩胛骨处
固定

后臀围线固定

图7-7

处理平展后固定住（图7-8）。

8. **清剪后中裁片**

在裁片领口处留出缝份开剪口，使肩部贴合在肩缝处后与前身肩缝折缝。在后中片上标记出分割线位置，留出缝份清剪掉多余的量（图7-9）。

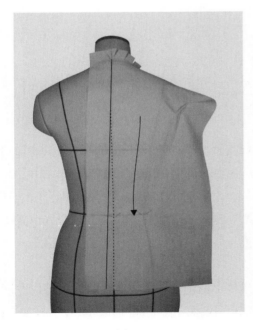

图7-8

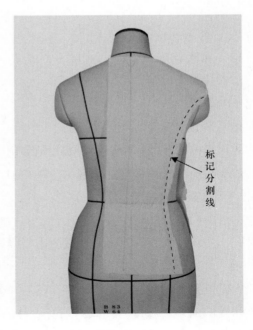

标记
分割
线

图7-9

9. 后侧片

在后侧片裁片上标记经纱纱向，使之垂直于地面，在后背宽位置上将后中片固定，用大头针把腰围线位置固定在人台上（图7-10）。

10. 合缝后身

从后侧片的腰围处开剪口，使之可以与后中片、前侧片顺畅缝合。从腰围位置开始向上、向下合缝后侧片以及前身侧缝，注意保持腰围线上裁片的平直（图7-11）。

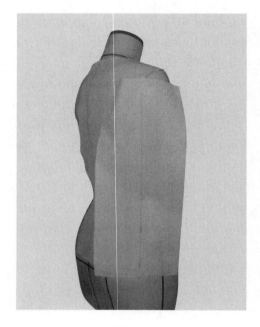

图7-10　　　　　　　　　　　　　　图7-11

11. 折缝后身片

清剪掉多余的量，将合缝前后身片的针法全部改为折缝的针法，在中臀围线上设定连接裙子的位置，折尽缝份（图7-12）。

12. 前身内裙片

将前身内裙片的前中心线与衣片的前中心线重合对齐，使裁片垂直向下，沿预设的连接线位置与前身衣片缝合在一起（图7-13）。

13. 后身内裙片

将后身内裙片的后中心线与人台上的后中心模型线（即后身新设置的中心线位置）重合对齐，使裁片垂直向下，沿预设的连接线位置与后身衣片缝合在一起（图7-14）。

14. 前身外裙片

首先折叠出前身衣片的搭门线，然后在外裙片上标记出与前身衣片相同的搭门宽度。将外裙片的前中心线、搭门线与前身衣片的前中心线搭门线重合对齐，裁片上提20cm，褶需要的量，分别用针在前腰围中心线和前臀围中心线上固定（图7-15）。

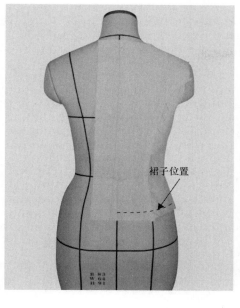

裙子位置

图7-12

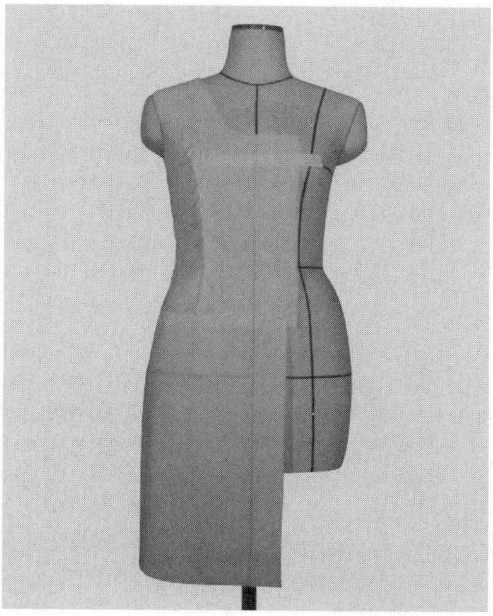

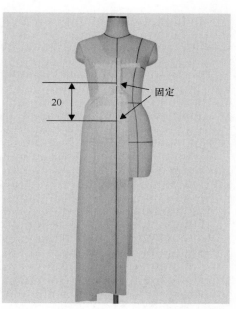

图7-13

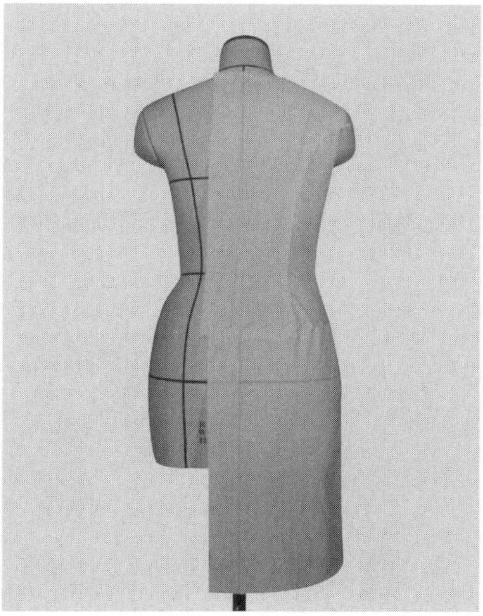

图7-14

20

固定

图7-15

15. 外裙前垂褶

（1）从外裙前中线上端开剪口，距缝合线留出缝份，在开第一个垂褶处固定并做标记。将裙腰与衣片下摆缝合在一起（图7-16）。

（2）整理垂褶，正对垂褶时，垂褶要垂直向下，保持效果。之后继续沿缝合线向后开剪口至第二个垂褶处，作出标记，并整理出第二个垂褶（图7-17）。

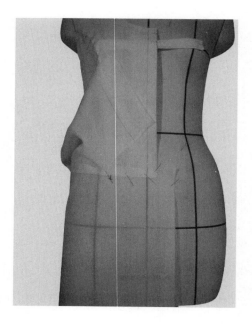
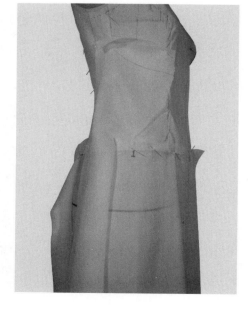

图7-16   图7-17

16. 前裙片侧缝

整理出第二个垂褶后将上面的余量清剪掉，在侧缝线上固定裁片。裁片沿人台上的侧缝线向外留出缝份，清剪掉多余的量（图7-18）。

17. 后身外裙片

将后身外裙片上的后中心线与人台上的后中心模型线(即上衣裁片上新设置的后中心线)重合对齐，其他操作方法同前身裙片（图7-19）。

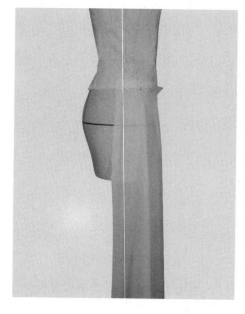

图7-18   图7-19

18. 侧缝和开衩

侧缝线要安置在前后裙片靠侧缝的两个垂褶之间的凹进位置。在合缝侧缝时注意留出侧开衩，开衩的长度应该在裙折起底边固定到肩部时，正好等于合理的袖窿深尺寸（图7-20）。

检验垂褶效果，查看褶间距离是否均匀、垂褶深浅是否一致。轻轻转动一下人台，观察除去其他位置上的临时固定针后，前后中心线是否发生偏移。

19. 检验立体构成效果并标记裁片

检验无误后，清剪裙底边缝并作出标记（图7-21）。

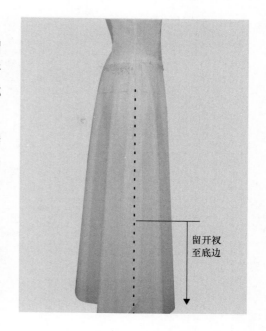

留开衩
至底边

图7-20

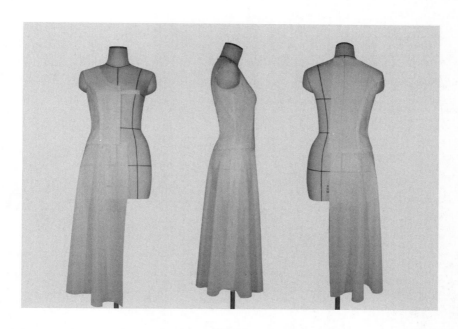

图7-21

20. 缝合确认

缝合所有裁片，可以用硬纸片代替纽扣安置在扣眼位置，检查扣合效果。还可以在外裙下摆边处安装代用的气眼件，注意一定要安装在垂褶的凹进处，它的重量能达到稳定垂褶的作用（图7-22）。

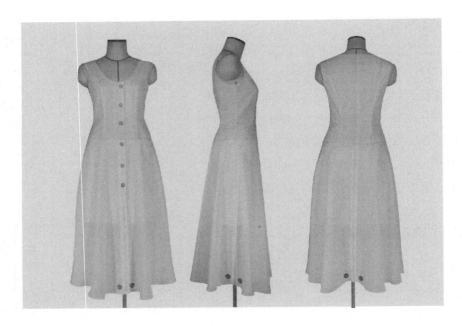

图7-22

21. 穿入绳带

本款连衣裙有两种穿着方法，而绳带的系法又有很多的变化。换一种系法，就可以得到不同的着装效果，极具趣味性。为了更好地体会其中的变化，建议教学中组织一次作业展示与讲评，这样可以起到学生之间的互相借鉴与学习的作用（图7-23）。

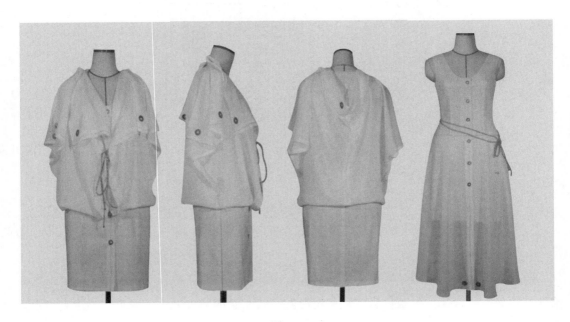

图7-23

二、拓取样板

1. 展开裁片

取下裁片，在不改变裁片形状的前提下将裁片整烫平展，用直尺和弯尺精确连接所有标记点，得到全部裁片。因为此款连衣裙是对称的结构，可以复制出另外一侧的裁片（图7-24）。

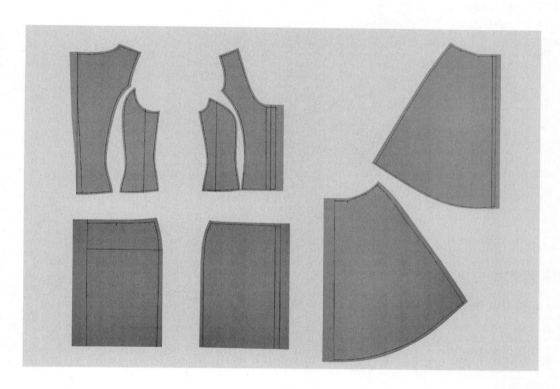

图7-24

2. 将样板组合为参考制图形式

使用滚轮、复写纸等工具在样板纸上拓取出全部裁片样板，包括前门贴边、领贴边、袖窿贴边等。纺织材料是会发生变形的，而纸质样板不会。所以，要保证产品的板型效果，还是应该使用纸质样板。

本节不要求绘制参考制图，但按照平面结构制图的常规方法将样板组合起来，加入辅助线作分析，可以仔细考量每片裁片的形状及其造型效果，比较和体会其中的含义，有助于更深入地理解样板原理（图7-25）。

现代服装技术为连衣裙开拓了宽广的创意空间，使之更为风姿无限。立体裁剪便于造型的技术特点，让它更富于变化。让具有思维活力的学生发挥想象力，自行完成一件连衣裙的立体裁剪构成。

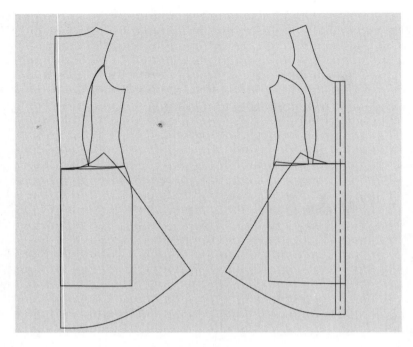

图7–25

本节重点

　　掌握横断连衣裙的腰际结构要领，建立起充分发挥面料特点并予以创新应用的意识。学会使垂褶均匀稳定的构成方法，并能通过利用一些辅助方法（如纽件、硬币等）实现服装造型的特别效果。

实践项目

　　1．立体构成腰际横断连衣裙。

　　2．利用面料特点，使连衣裙产生有变化的穿着方法。

　　3．尝试可以辅助造型的配件运用。

　　4．缝合裁片，连同展开图一起提交作业。

第二节　纵向分割连衣裙立体裁剪

　　通过身片与裙片之间的分割，完成是一件上下结构造型的连衣裙，本节要通过从袖窿、肩缝、身片的分割，实现一件左右结构的造型变化的连衣裙。要求学生们按照实现左右变化的基本要求和提示，发挥创意，自己独立完成立体构成。

一、立体裁剪要求

1. 裙片结构线

纵向分割：使用公主线分割或者刀背线分割的方法，使裙片的结构线为纵向的分割线（图7-26）。

2. 左右变化

如图7-27所示，袖子可以变化，袖子上端装有通透的气孔，供穿系织带或绳，分别可以将袖子扣合在前中心和后中心，形成身片与袖子之间的转换。

(a) 款式一　　　　(b) 款式二

图7-26　　　　　　　　　　　　　图7-27

二、练习提示

1. 白坯布准备

可以参照人台体表样板，在其基础上加放出适当的裙长和围度量（图7-28）。

2. 袖子面料

因为袖子与身片之间要进行结构转换，所以需要精心选用适合的面料，可以使用有别于身片的面料，如镂空纱等。这就需要使用接近实际效果的面料来完成立体裁剪，以垂感强、薄型的面料为宜；也可以直接使用实际面料来完成立体裁剪（图7-29）。

本节的练习重点是纵向分割、左右变化。操作要领体现在身片与袖子的结构转换上，要求精准的造型效果。通过练习，应对立体裁剪的直观造型优点予以更深的体会。

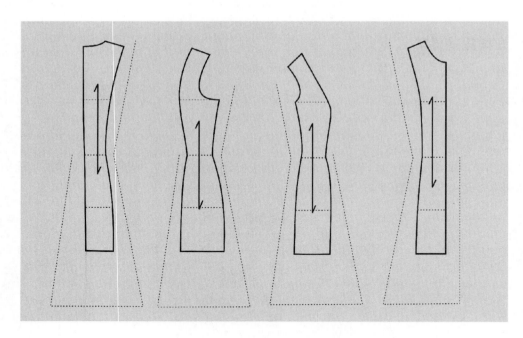

图7-28

图7-29

本节重点

掌握纵向分割线连衣裙的收腰与放大下摆的结构要领，掌握使垂褶均匀稳定的构成方法，充分发挥面料特点应用于立体构成，实现结构转换。

实践项目

1．立体构成纵向分割的连衣裙。

2．利用面料特点，使连衣裙产生有变化的穿着方法。

3．辅助造型的配件运用。

4．缝合裁片，班级展示，评优交流。

女上衣立体裁剪

课题名称：女上衣立体裁剪

课题内容： 1. 西服领女上衣立体裁剪

2. 变化型女上衣立体裁剪

课题时间： 24课时

实践项目： 1. 西服领女上衣立体裁剪

2. 展开图与样板制作

3. 变化型女上衣立体裁剪

知 识 点： 1. 板型概念

2. 覆盖率概念

教学要求：本章为女式正装类上衣的立体裁剪。以常见的西服领女式上衣为范例。在完成立体裁剪教学的同时，使学生建立板型与覆盖率的概念，并掌握控制板型与覆盖率的方法。

第八章　女上衣立体裁剪

　　女上衣品类繁多，为了帮助初学者建立起板型概念，这里以正装类女上衣为案例，讲述一般的板型要点。此类服装作为正装穿着，讲求板型效果和考究的工艺。虽然品牌、厂家各有不同的风格特点，但作为板型的常规标准，还是有一些共同之处的。第二节变化型女上衣立体裁剪，在掌握了基本造型手法的基础上，由学生自己举一反三做出任意分割变化的练习。

第一节　西服领女上衣立体裁剪

一、立体构成

1. 款式图（图8-1）

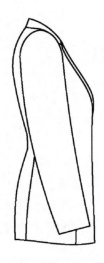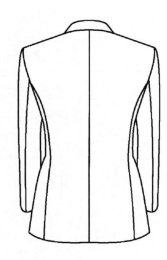

图8-1

　　款式特点：本款女上衣为前开身，两粒扣，西服领，六片结构，两片袖。从侧面观察，可显现出完整的后背曲线。这是此款女式上衣的常见造型要点。

2. 白坯布准备

取一块幅宽为90cm、长度以前衣长加上下折边缝份为基准的白坯布，整烫平展。前中心线距布边5cm，另预留2cm搭门量，距前中心线10cm标记前衣片纱向线。后中心线距布边4cm，距后中心线10cm，标记后身纱向线。幅宽正中标入经纱纱向线，为腋下片的纱向线（图8-2）。

3. 人台准备

（1）垫肩。本款女式上衣需要垫肩，要选择一个号型与人台肩宽相符的垫肩。如果垫肩的外口是直线型，则需要在垫肩的圆弧上打开剪口，将垫肩外口整理成符合前后袖窿弧度的月牙形，使垫肩充分发挥辅助功能（图8-3）。

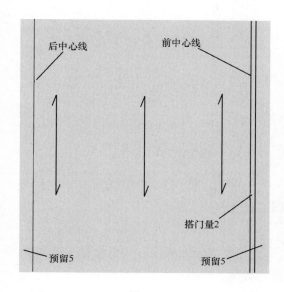

图8-2

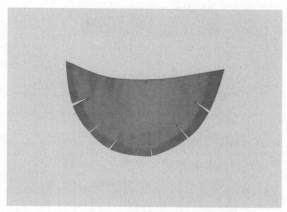

图8-3

（2）垫肩前部的安置。位于前身肩部的垫肩外缘，应与人台臂部最外一点平齐。前半部分垫肩的外缘，从肩点过前胸宽指向人台的前侧腰部，它也是根据款式图确定收腰程度的参考标志（图8-4）。

（3）垫肩后部的安置。后半部分垫肩的外缘，从肩点过后背宽指向人台的侧后部，适当加大了背宽尺度。它将决定胸围尺度、后身造型、样板覆盖率的变化（图8-5）。

4. 前身衣片

将标记有前中心线和搭门线的前身裁片与人台上的前中心模型线重合对齐，分别在前领中心、BP点、第一个扣眼位置上用大头针固定（图8-6）。

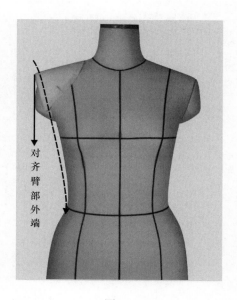

图8-4

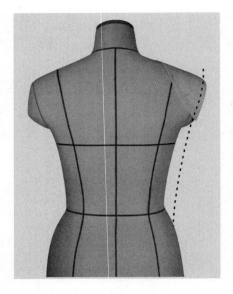

图8-5

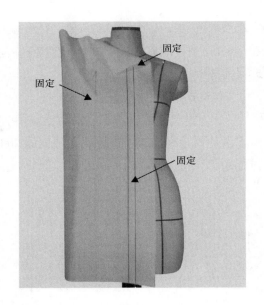

图8-6

5. 前侧

将前衣片整理成平直下垂的状态，围转至人台的侧面，整理出前胸围余量后在肩部将前衣片固定，标记腋下片位置，留出缝份，清剪出前身侧缝（图8-7）。

6. 前身衣片省量分配

将前身衣片上的省量推转至前身BP点以上位置并平均分成两份，一半由前中心线推出形成撇胸量，一半推转至胸围线以下，收为前身省缝。在第一个扣眼位置横向开剪口至搭门线，翻下驳头（图8-8、图8-9）。

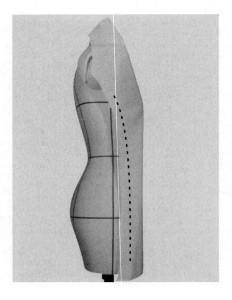

图8-7

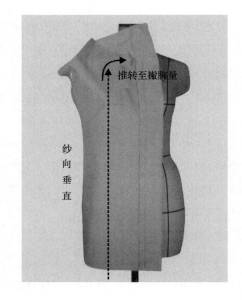

图8-8

7. 前身衣片省道

将前身衣片余量自前胸宽位置向下垂直整理至前侧腰节部位，使前身腰节以上呈现出倒梯形轮廓。把腰间多余的量作为省量收紧，省尖应指向BP点外侧1~1.5cm处，在不影响造型效果的前提下将乳间距加宽，以对应多种体型。腰节线为省道最宽处，之后平行向下。此时需标记出袋口位置，用后面的操作消除省下端造成的凸起，折起前身搭门（图8-10）。

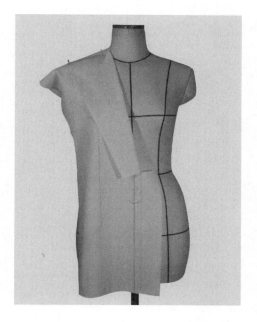

图8-9

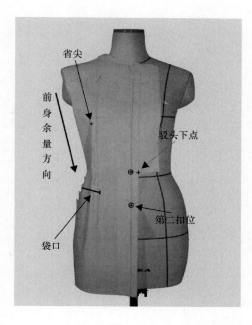

图8-10

8. 袋口

先标记前领中心、BP点和第二扣眼位置，然后将裁片取下。沿标记的袋口位置从侧缝方向开剪口成一条直线至省宽位置，折尽省量，顺时针方向将省缝下部的凸起量转移至侧缝袋口线上。此时，袋口位置出现少量重叠，可将重叠的部分清剪掉，使袋口线紧密对合，达成省下端和袋口以下部位的平展（图8-11）。

9. 封合袋口

用一条无纺衬布将袋口开剪线封合，使之不再张开。顺便将省缝烫实，然后把裁片重新挂回到人台上（图8-12）。

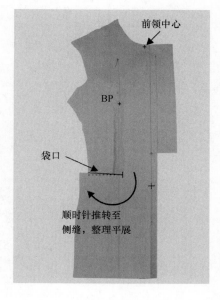

图8-11

10. 驳头和驳口线

从第一个扣眼位置所对应的搭门线处向肩缝上颈侧点向上1.5cm（预设颈侧的领高）处拉一条直线（可直接顺连至后领中心定出后领高），为前衣片驳口线。确定领台位置和宽度，折尽缝份（图8-13）。

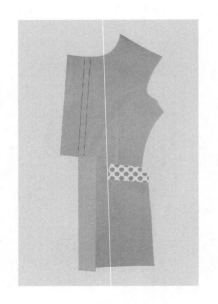

图8-12

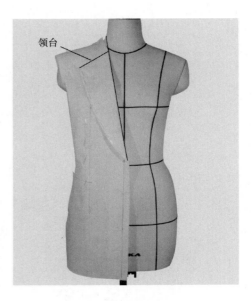

图8-13

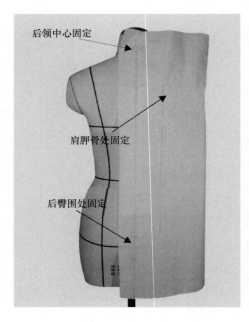

图8-14

11. 后身衣片

将裁片上的后中心线与人台上后中心模型线重合对齐，肩缝处留出缝份，用大头针分别在后领中心、肩胛骨、后臀围高处固定（图8-14）。

12. 后中心

将后身衣片的上部推转至肩缝处，用大头针固定，清剪掉领窝和肩缝处缝份以外的余量。用手按住人台肩胛骨处，将裁片沿纱向向下垂直理至腰围处，用大头针固定。这时裁片后中心线会发生偏转，按照人台上的后中心模型线标记出一条新的后中心线（图8-15）。

13. 后身分割线

标记出后身分割线位置，在腰围线处向分割线打剪口，使后衣片腰部平展地贴在人台上。在后片臀围部位推出1～1.5cm余量并固定（图8-16）。

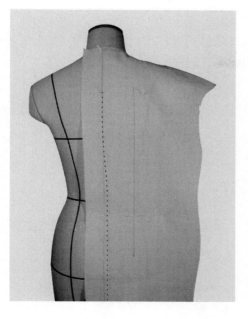

图8-15

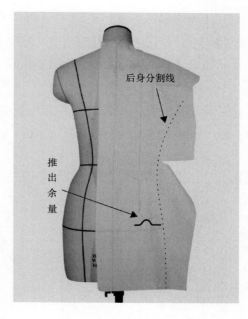

图8-16

14. **腋下片**

（1）在腋下片上标记经纱纱向，使其垂直向下，分别在前胸宽、后背宽和腰节位置向下3~4cm处固定。在腋下片臀围线上推出1~1.5cm余量并固定（图8-17）。

（2）分别从腋下片的前、后、中腰围线处开剪口，并从中腰处开始将腋下片和前、后衣片合缝在一起，保持纱向垂直向下、平展、无斜缕（图8-18）。

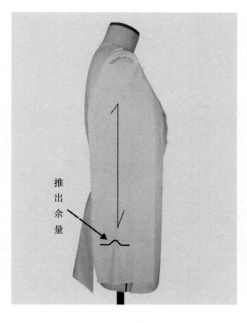

图8-17

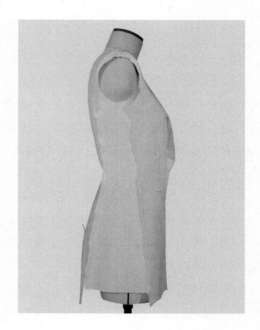

图8-18

15. 折缝确认

将所有裁片用折缝针法缝合在一起，将缝道整理得长度一致、圆顺自然。按照需要的长度折起底边。注意：折叠底边时应该纵向使用大头针固定（图8-19）。

16. 标记领口

后领深挖深0.5cm，衣片颈侧点预设在人台颈侧点外1cm处，平行于预设的领高线标记领口线（图8-20）。

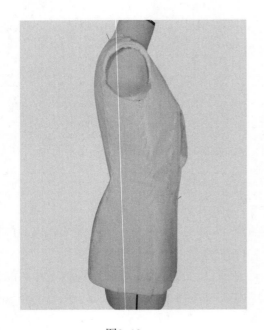

图8-19

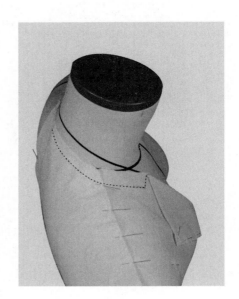

图8-20

17. 立领部分

（1）取立领裁片，标记好领坐标，将后领中心线与后衣片的后领中心重合对齐，在后领中心处固定。注意，在后领中心左右5～6cm范围内，领口线为一条水平线（图8-21）。

（2）一边在立领的领外口打剪口，一边将立领的领下口与预设的领口线合缝在一起，使立领的领外口贴合在人台的颈围部位（图8-22）。

（3）平行于预设的翻领线，将立领领外口向内折叠，距离翻驳线0.7～1cm（图8-23）。

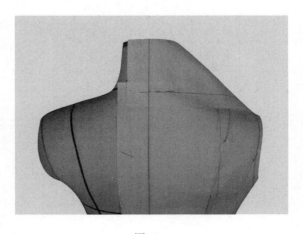

图8-21

图8-22

图8-23

18. 翻领部分

（1）在翻领片上标记翻领坐标，将翻领片的后中心线与立领部分及后身片上的后中心线重合对齐，在后领中心处固定。与立领部分相同，后领中心位置左右5～6cm范围内为一条水平直线（图8-24）。

（2）折叠翻领的领下口，沿翻驳线整理成圆顺的领口弧线后与立领部分的领外口缝合在一起。将翻领的领外口翻折与肩部贴合，翻领翻折后，应在后领中心位置盖住立领的绱领线（图8-25）。

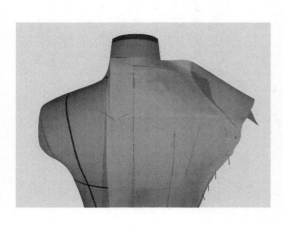

图8-24

图8-25

（3）标记领角形状，与前身驳头合缝在领台上，折尽翻领领外口缝份，使之与前后肩平顺服帖（图8-26、图8-27）。

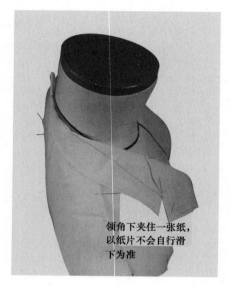

领角下夹住一张纸，以纸片不会自行滑下为准

图8-26

图8-27

19. 袖子

（1）分别过肩宽点、前胸宽点、后背宽点和袖窿最低点，在衣片上标记出袖窿线，使之呈向后倾斜的椭圆状（图8-28）。

（2）将袖片先折叠成袖窿，纱向垂直向下。在身片袖窿上测算袖肥。从侧面观察时，应能看到肩胛骨部位稍露出（图8-29）。

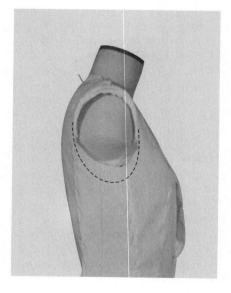

图8-28

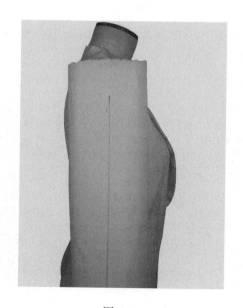

图8-29

（3）将经检查并确定袖肥的袖窿取下，粗略清剪出大致的袖山模样，将尺子插入袖窿中，在袖底缝位置合缝袖窿（图8-30）。

（4）分别在袖山点、前胸宽、后背宽和袖窿最低点将袖子与身片的袖窿固定在一起。尝试将袖子抬起45°角，以此时的前、后中心线不发生偏移为准，确认袖子的机能性（图8-31）。

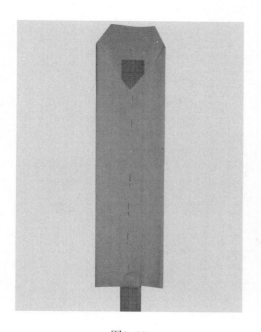

图8-30

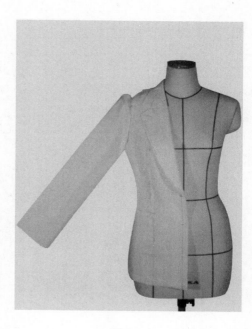

图8-31

（5）将袖山与袖窿用挑针缝针法合缝在一起，要求袖山圆顺自然，有适度的吃势，吃势大小根据实际面料的薄厚和质地而定（图8-32）。

这时产生的是一片袖，将一片袖转化成两片袖的方法，请见本书第四章第二节。此处不再重复。

20. **标记裁片**

在全身裁片上标记所有缝合位置的标记点如下：

（1）前、后衣片、腋下片、大袖片、小袖片、翻领、立领的轮廓线，如果在操作过程中某个裁片发生了纱向偏移，但没有影响造型效果，此时可以忽略已经偏斜的纱向线，而按照正确的纱向重新画一条纱向线。

（2）驳头翻折线、撇胸线、省尖、省宽、袋口、扣眼位置。

图8-32

（3）在腰围线上，裁片与裁片之间标记合印点。

（4）在袖子与袖山顶点、前胸宽点、后背宽点、袖窿最低点的连接处标记合印点。

二、展开图与样板

1. 展开图

将裁片取下，用尺子把所有标记点连接成顺畅的轮廓线条。在不改变裁片形状的前提下整烫平展（图8-33）。

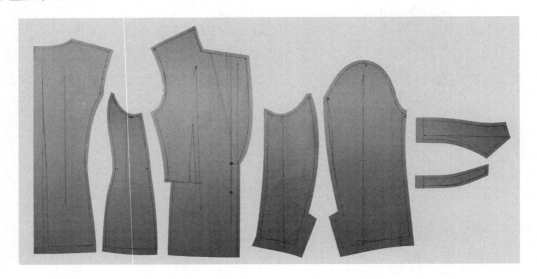

图8-33

2. 拓取样板

使用滚轮、复写纸等工具在样板纸上拓取全部裁片的净样板（图8-34）。

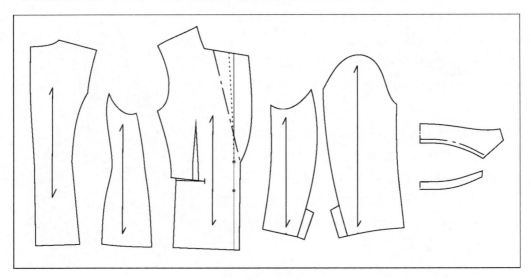

图8-34

3. 缝合确认

对于在外型上讲究有设计品质的服装品类，即使是对称的款式，也有必要做全身的合缝确认，以获取最佳的板型效果。要有塑造精品的意识，而精品的误差是以mm为单位的。使用拓取出的样板裁剪另外半身的裁片，完整合缝（图8-35）。

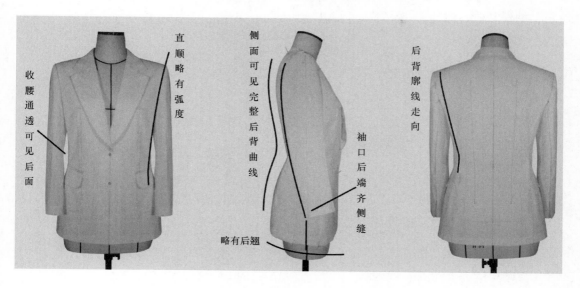

图8-35

三、板型要求

1. 常规板型正面要求（图8-36）

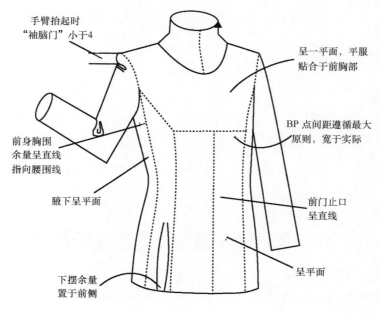

图8-36

2. 常规板型背面要求（图8-37）

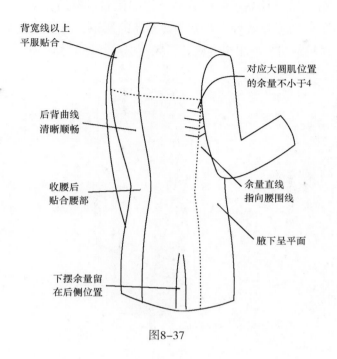

背宽线以上
平服贴合

对应大圆肌位置
的余量不小于4

后背曲线
清晰顺畅

余量直线
指向腰围线

收腰后
贴合腰部

腋下呈平面

下摆余量留
在后侧位置

图8-37

本节重点

本节重点，通过一款常规女式上衣的立体裁剪，建立"板型"的概念，学习把握板型的制作要领。有条件的情况下，可以当堂做一些简单的人体肌肤伸展数据的测试实验。

实践项目

1. 立体构成一件西服领女式上衣。
2. 绘制展开图、拓取样板。
3. 整身裁片缝合确认。
4. 连同样板和缝合的作品一起提交作业。
5. 展示与讲评。

第二节　变化型女上衣立体裁剪

本节内容是在教师的提示下，学生独立完成一件不同分割形式的女式上衣的立体构成和拓取样板的工作。

服装上的分割线是为了符合人体形态的需要而必须做的一些处理，分割线往往起着造型线的作用，因此女式上衣的分割方式数不胜数。如何才能做出不同的分割变化，而又能维持一个既定的板型特点呢？用平面结构制图来进行变化，通常要在分割之后反复试样比对才能达成预计效果，而立体裁剪为此提供了简单快捷的方式。

一、练习提示

使用第一节完成的西服领女式上衣，先取下袖子将衣片整烫平展，穿着在人台上，稍后以其为基础进行变化。

1. 预设分割线

在已经缝合的衣片上标记预设变化的分割位置。

（1）前身标记新分割线的原则。重新做分割时，不要改变衣片上的尺寸，以维持整体造型的一贯性，可以利用原有的省量分布进行分割变化，新的分割线所形成的衣片避免覆盖BP点周边区域（图8–38）。

（2）后身标记新分割线的原则。后中心线上收腰程度不变，衣片上的分割线尽量靠近或经过肩胛骨凸起处，以维持后身造型不变（图8–39）。

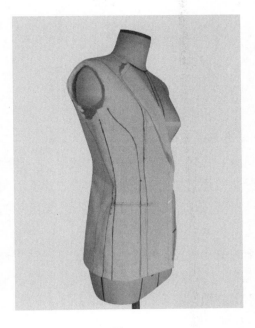

图8–38

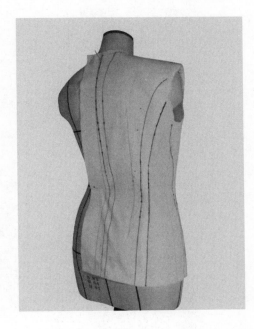

图8–39

2. 前身衣片立体构成

准备与衣长相符的白坯布，整烫平展。为了区别，可以在白坯布上用笔画上条格。将新裁片直接覆盖在原有前身裁片上，按照预设的分割线用折缝针法固定在前衣片上。腰围线以上平服贴合，腰围线以下任意变化（图8–40）。

3. 侧衣片立体构成

将新裁片按照想要的分割形式，直接覆盖在原有腋下裁片上，按照预设的分割线用折缝针法固定在侧衣片上。腰围线以上平服贴合，腰围线以下任意变化（图8-41）。

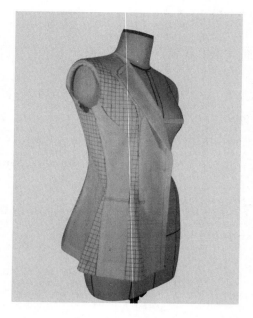

图8-40

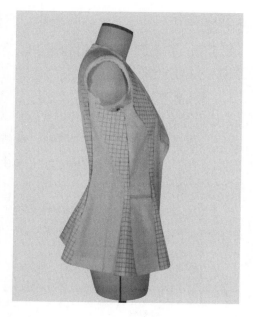

图8-41

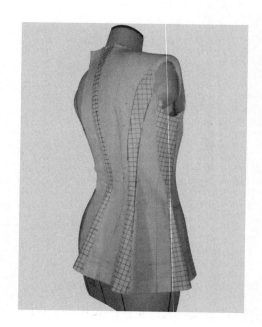

图8-42

4. 后身衣片立体构成

将新裁片直接覆盖在原有后身裁片上，按照预设的分割线用折缝针法固定在后身衣片上。腰围线以上平服贴合，腰围线以下任意变化（图8-42）。

袖子的变化就更简单了，前面已经讲过袖子的造型基础，以此推理，凡是袖片上平面的区域，在不影响袖子造型与曲度的前提下，均可按照这种方法予以分割变化。

5. 展开图

此项实践极有必要拓取展开图，从中可以悟出很多样板制作的道理。因为这是最简单、最直接认识样板形态的方式，是原型体表制作的延伸与应用（8-43）。

图8-43

6. 拓取展开图、接合样板

立体裁剪本来就有印证平面结构制图原理的意义。即使不绘制参考制图，也应将样板拼合成平面结构制图形式，做比照研究。通过对样板的考量，回味整个立体构成过程，应该会有不小的收获。通过本款上衣的分割变化练习就会发现，在立体裁剪面前，无论何种分割形式都是一个造型基础的变化，而且用立体裁剪的方式来处理这些分割，更有利于保持一个特有板型的风格。本款上衣，无论将其分割线作何位置上的变化，都能与原始样板保持同样的板型风格（图8-44）。

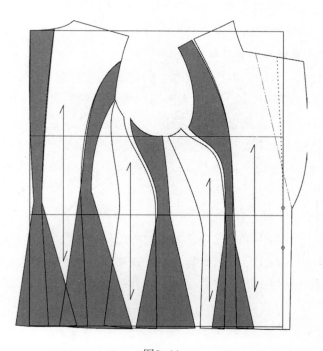

图8-44

二、阅读理解

在此类上衣的立体裁剪中，除了建立板型概念之外，另外需要重点理解的是样板覆盖率问题。

所谓样板覆盖率，是指样板师在执行某个号型标准时，该样板制作的服装对应多种体型以及相邻号型穿着者的适应程度。比如，针对净胸围84cm的穿着者制作上衣，如果除了净胸围84cm的人以外，胸围80cm的人和胸围88cm的人也能穿，无论是浑圆体型，还是扁宽体型的人穿起来都可以适应，那么就可以说这件衣服的样板具有较高的覆盖率了。在"80—84—88"之间的范围里，88-80 = 8，84 ÷ 8 ≈ 10.5，即10.5%，这就是比较满意的覆盖率了。

也就是说，就同一件衣服而言，如果胖点或瘦点的人、浑圆体型或扁宽体型的人都能穿，那么裁剪这件衣服时所用的样板就具有较高的覆盖率。相反，如果稍胖或稍瘦一点的人不能穿，那么这件衣服的样板覆盖率就很低。实际上，样板覆盖率还没有固定的、公认的公式可以计算，但是它的的确确地存在着，它和服装的品牌概念同样是一种内在的、优秀的品质内涵。对于成衣生产厂家来说，高覆盖率的服装产品历来是产品品质内涵的标志之一，对于样板师来说，高覆盖率自然成为日常工作中对每一款样板的追求。

覆盖率是由样板来体现的，有经验的样板师无论是用平面结构制图的方式还是用立体裁剪的方式，都可以达成相应的覆盖率。但是解释起来，用立体裁剪的方式则更容易说明问题。以下即从立体裁剪的角度试分析一下如何提高样板覆盖率问题。

服装样板覆盖率主要表现在对"两宽一围（肩宽、背宽和胸围）"尺寸的合理调整上。至于如何调整，需要了解这样几个前提。

1. 了解人体躯干部位与衣服的贴合关系

人体在着装状态下，衣服与人体之间有一部分是紧密贴合在一起的，这个区域称为贴合区（详见第三章第二节图3-27）。从人体与服装的必然贴合关系看，人体的颈、肩、胸、背部是撑架起衣服的主要贴合区域，腋下部位是一个隐蔽的贴合区。相应地，在前身衣片胸以下和背部肩胛骨以下衣片是悬垂向下的。人体上肢运动所需要的衣服活动量是横向存在、纵向出现的。从美观的角度上讲，只要保证纵向余量的顺直美观，横向余量的大小和方向是可以调节的。

2. 分析号型尺寸，了解关键尺寸

从常用的人体尺寸数据中可以发现，号型与号型的档差之间，肩宽和颈围尺寸的变化是变量最小，也就是说，在实际着装时肩宽尺寸在相邻号码间略微大一点，基本不影响着装效果。而与覆盖率关联较多的是肩宽尺寸。既然不影响穿着效果，那么就充分地发挥它的作用了。

3. 上肢活动范围（图8-45）

人体手臂的活动，通常向前的动作多于向后的动作，而且手臂向前的内展幅度大约是向后外展幅度的3倍。人体通过后腋处的大圆肌和小圆肌的伸展与收缩完成动作。经测试，双手臂前平举所引发的背宽线上的肌肤伸展在8cm以上。从服装的机能性要求来讲，不受服装牵制可以很舒适地抬举手臂，是衡量其机能性的标准之一。

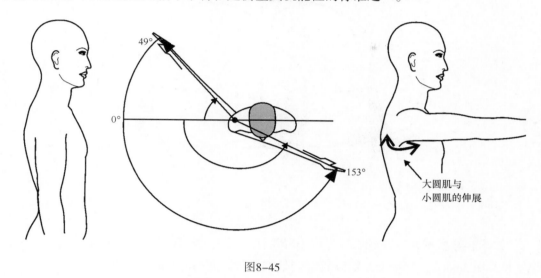

图8-45

4. 余量的所在位置（图8-46）

从三维人体测控量数据集中提取胸围截面进行观察：因为贴合区的存在，衣服上的余量发生在前后腋窝点的四个位置。余量的高度起始位置一般以前胸宽、后背宽水平位置为宜。直身型服装分别从前胸宽、后背宽位置顺直至底边。底边如果呈前后左右四个面最好，即所谓"箱式造型"。如果是收腰较紧的款式，则分别从前胸宽与后背宽起顺直向下指向腰围高度的前侧与后侧位置，尽量也呈较清晰的四个面。

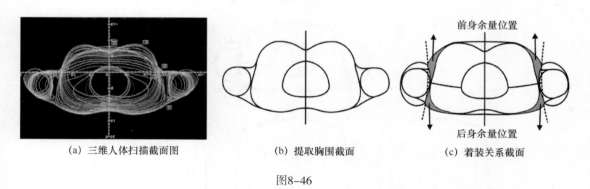

（a）三维人体扫描截面图　　（b）提取胸围截面　　（c）着装关系截面

图8-46

因此，在保持贴合区域平服的基础上，正确的造型方法是将余量放置在人体前后左右四个腋窝点以下的位置上，使其顺直向下形成整体造型轮廓。从人体胸围截面上看，余量是在四个角上。从人体手臂动作所要求的机能性上讲，应该令后身余量大于前身余量。

5. 两宽一围与余量关系（图8-47）

在图8-47中，左侧A、B、C三条线是不同肩宽尺寸所形成的三条袖窿线。右侧的三个区域A'、B'、C'是三个背宽宽度所形成的三个不同大小的余量。

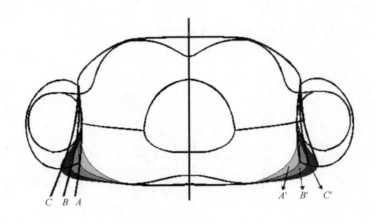

图8-47

如图8-47所示，在前身衣片尺度不发生任何改变的情况下，小肩宽度每增加一个数值X（0.2～0.5cm），背宽尺寸则以X值的3倍增加。同时与之相对应产生的A'、B'、C'三个余量也依次成倍数增加。

6. **整体效果**

可以看出，利用肩宽尺寸的微小变化，使其产生背宽尺寸的增加，从而增加后腋窝处的余量，使服装在不改变整体造型的前提下适应了更多人对同一款服装尺度的要求，这就是覆盖率的体现。如图8-48所示，是三个外轮廓相同，但分别用A、B、C三个不同尺寸表现肩宽和背宽尺寸的情况。

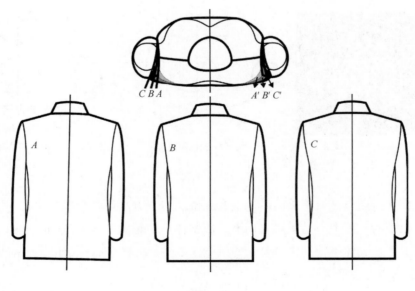

图8-48

即使是同样的围度尺寸，也有浑圆体型和扁宽体型之分。如果尺寸相同而体型不同的两个人试穿同一件衣服，通常浑圆体型的人穿着肩宽尺寸大出实际尺寸1cm的衣服时不会显得别扭。由于肩宽的档差数值本来就小，因此不致影响穿着效果，但如果是扁宽体型的人穿着肩宽尺寸小1cm的衣服时就显得有些紧绷，其他部位尺寸再大也遮掩不了穿错衣服的感觉。对于服装样板覆盖率消费者不会在意，但是对于服装企业和样板师来说，服装样板覆盖率却是个很大的问题。它包含着服装的机能性、体型的适应性乃至产品销量等问题，所以对服装专业样板人员来讲，打出具有较高覆盖率的样板，是专业技术水平的一项评价指标，应予以不断提高。

本节重点

首先确认拟维持的板型要点，如外观、各部位曲度要求等。在维持这个板型特征的基础上，应用立体裁剪做分割线变化练习。获取即使分割方法不同，但拥有同样一个板型的女式上衣。对展开图、样板进行比对研究，掌握分割线的使用。

实践项目

1. 予以确认原有西服领上衣造型。

2. 在原有衣片上预设合理的分割线位置。

3. 用新裁片在原有衣片上按照分割设想进行分割构成。

4. 展开裁片，拓取展开图。

5. 连同新缝合的衣片作品，与展开图一起提交作业。

连身连袖连帽女式风衣立体裁剪

课题名称： 连身连袖连帽女式风衣立体裁剪

课题内容： 1. 立体构成

　　　　　　2. 特型样板

课题时间： 12课时

实践项目： 1. 女式风衣立体裁剪

　　　　　　2. 展开图与样板

知 识 点： 1. 连身袖

　　　　　　2. 帽子

　　　　　　3. 前后身片一体化的构成要领

教学要求： 本章为立体裁剪中较为特别的一种裁片构成方法。要求打破常规的结构形式，将能够合并的裁片尽量地结合在一起。实现既赋予服装足够的机能性，又能够尽可能简洁地完成预定造型的合理分割。这是一项试图返璞归真、边创意边实现、赋予传统服装结构形式一种全新造型方式的练习。引导学生做一次发现：原来样板还可以是这样的。

第九章 连身连袖连帽女式风衣立体裁剪

本款女式风衣的裁片结构，将尝试采用前后身片、左右身片、袖子、帽子一片构成——即连身、连袖、连帽、左右身片一体的构成方式。在学习连身袖和帽子的构成基本知识的基础上，更希望就此引导学生在具有颠覆性的服装结构形式上做一次尝试。这对拓展服装的设计思路，拥有更多的原创设计手段会有一定的启迪作用。本书作者曾有幸在国外观摩过皮尔·卡丹青年时期的作品展览，其中很多展品对这种结构形式做了精辟的诠释。叹为观止的同时，深感大师之所以成为大师，往往是由于他对一些事物做了颠覆性的尝试。通过新的技术手段，使最古老的服装结构形式呈现足够的新意，达到返璞归真的效果。而这种尝试用于服装设计的时候，正是应用立体裁剪技术可以较方便地予以表现的所在。下面便引导同学们做一次尝试。

第一节 立体构成

一、设计意图

应用立体裁剪进行原创性的服装设计，不一定有成熟的款式规划，但一定要有明确的基本造型，比如，长款还是短款，宽松型还是紧身型，X造型还是H造型，开合方式等。一旦确定就不宜更改，以免扰乱设计思路。本节以一款X造型的女式短风衣作为立体构成的作品范例。

1. **基本造型**（图9-1）

成衣的廓型设计如图9-1所示。收腰身，下摆展开，有帽子、有袖子，需要动脑筋的是用同一块不加裁断的面料将其进行立体构成，而且要具有实用性。

2. **白坯布准备**

本款风衣是左右连身的，所以最好用宽幅的白坯布，在幅宽中间画一条连贯的分界线。操作中只要其中一侧的身片裁剪不超越分界线，就可以在完成半身立体构成之后对折，复制出另外半身裁片的轮廓线。如果是窄幅的白坯布，则需要拓取样板，在宽幅的实际面料上重新裁剪。下面以窄幅白坯布为例，说明用料测算的方法（图9-2）。

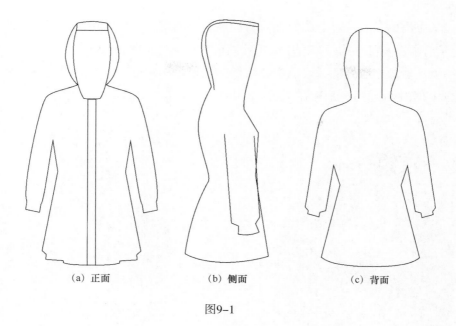

(a) 正面　　　　　　　　(b) 侧面　　　　　　　　(c) 背面

图9-1

二、立体构成

1. 后身衣片

（1）本款风衣从后中线开始操作。量取后衣长，将裁片的后中心线与人台上的后中心模型线重合对齐，分别用大头针在后领中心位置、肩胛骨位置和臀围线上固定（图9-3）。

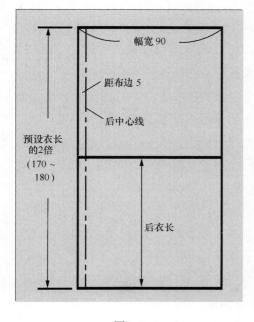

幅宽90

距布边5

后中心线

预设衣长
的2倍
（170～
180）

后衣长

图9-2

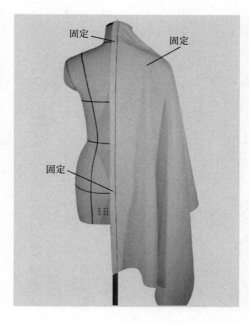

固定　　　　固定

固定

图9-3

（2）多出的前身片部分临时在人台的前身上固定。从后领中心位置向肩缝一侧横向量取帽子后中片宽尺寸的一半，用大头针固定并作标记（图9-4）。

（3）从后领中心开始，沿后中心线向前量取帽中片的长度，留出缝份，清剪出帽中片。此时的帽中片与后身片连在一起（图9-5）。

颈侧点固定

图9-4

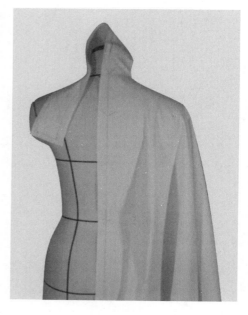

图9-5

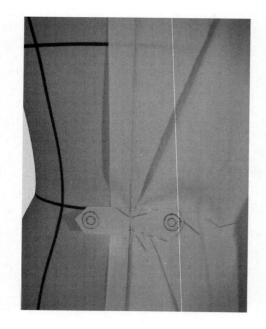

图9-6

（4）将后身衣片的省量、后中腰部的收腰量折成活褶固定在后腰中心的右侧，用一个带襻压住固定。可以把带襻设计成活动的，放开纽扣时即可呈现宽松型的风衣效果（图9-6）。

（5）后腰侧部是收腰量最大的位置，在这个位置上要将收腰量折成活褶，使活褶的上端指向后背宽线的位置。把后身衣片整理成平展的平面，用带襻固定（图9-7）。

2. 后身衣片侧缝线

将余下的裁片折转至人台侧面，推出后身衣片胸围余量，先在腋下袖窿部位固定，然后将裁片垂下，在侧面腰围线处固定。标记出侧缝线，留出缝份后清剪出后身衣片的侧缝线（图9-8）。

3. 后袖窿

确定袖窿深，在裁片上标记出后袖窿的下半

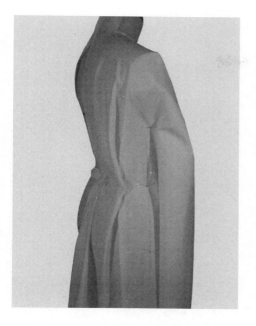

图9-7

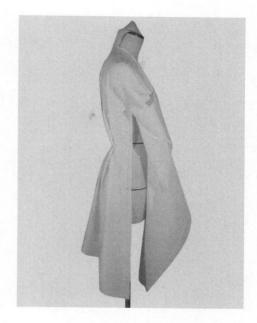

图9-8

部分（上半部分为连身的），在斜向后身躯干与上臂连接的腋窝点处开剪口，标记出后袖窿（图9-9）。

4. 袖子

（1）整理出袖肥，与前身衣片在袖底缝处合缝，得到袖窿（图9-10）。

（2）从侧面将袖子抬高至45°角，沿肩缝线的延长线将袖子略向前转，确定袖子的机能性。随之标记出袖子的底袖缝位置，清剪出袖窿（图9-11）。

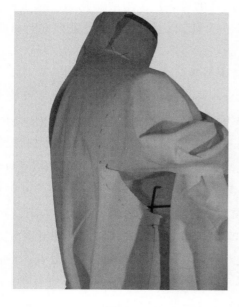

图9-9

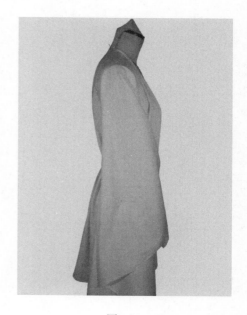

图9-10

5. 前侧缝线

将前身袖窿深与后身片上的袖窿深对齐，与后身相同，将前袖窿开剪口至前身腋窝点。将余下的裁片整理成垂直向下，与后身侧缝叠缝，清剪掉其余缝份（图9-12）。

图9-11

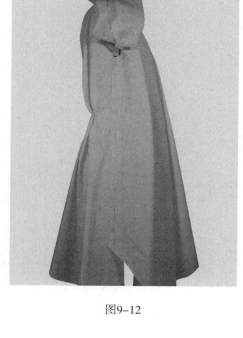

图9-12

6. 前身袖窿开剪

这时会有多余的布料集中在前身衣片上不易处理，可以在前身衣片位于前胸宽的位置向衣片方向打开一个剪口，使之与前身袖窿相连（图9-13）。

7. 前身活褶

将前身衣片自BP点以下整理成一个平面，余出的面料折成活褶折合在前胸上的剪口内，用一个窄牙条封合住剪口。然后用一个带襻收拢腰围线位置上的余量，再用挑针缝法将前袖窿与袖子缝合在一起（图9-14）。

8. 前身衣片

（1）将前身衣片整理平展，在衣片上标记出前中心线和搭门线。此时的前中心线处在斜纱位置上，忽略纱向，以前身衣片平展贴体为准，应用实际面料制作服装时用衬布定型（图9-15）。

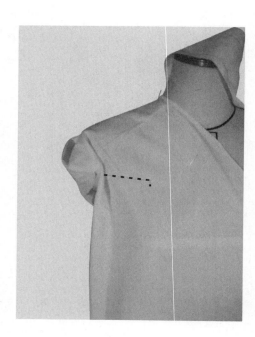

图9-13

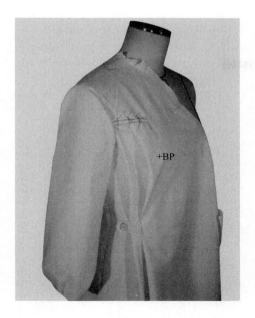

前中心线　　搭门线

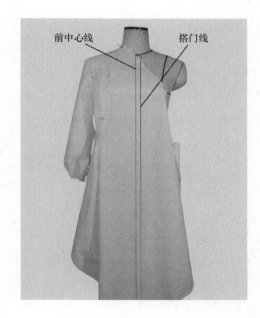

图9-14　　　　　　　　　　　　　　　　　　图9-15

（2）在搭门线外留出缝份，从底边开剪，清剪出前搭门线。开剪到截止位置需一边清剪一边确认，将外侧的裁片向上折起，查看能否折转至头顶位置形成帽侧（图9-16）。

9. 头部模型

普通的人台没有头部，此时用一个简易的头部模型代替。学生之间可以互相测量一下所需的帽宽、帽高尺寸，将硬纸板剪成与之相符的帽子形状，黏合或缝合成简易的头型，用针固定在人台颈部（图9-17）。

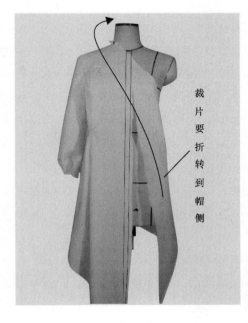

裁片要折转到帽侧

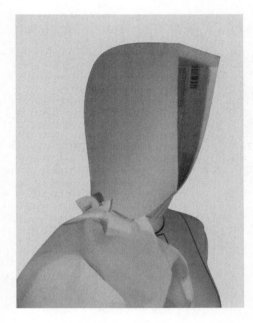

图9-16　　　　　　　　　　　　　　　　　　图9-17

10. 帽子

（1）将前身搭门以外余出的裁片折转到帽侧部位，从颈侧剪口处开始，与帽中合缝（图9-18）。

（2）将帽子折转到后背，帽中片上的中心线与衣片上的中心线重合对齐，查看不戴帽子时帽子披于身后的效果（图9-19）。

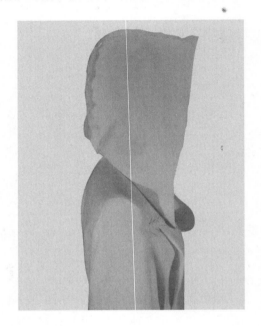

图9-18

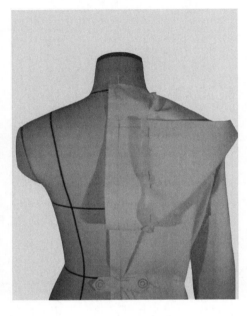

图9-19

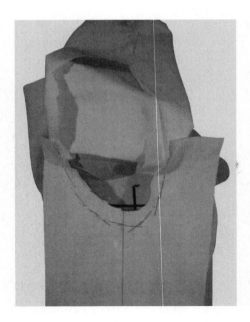

图9-20

11. 底袖片

掀起袖子，将其临时固定在肩上。在一片相当于小袖大小的裁片上标记经纱的纱向作为底袖片，将裁片与衣片的袖窿下半部分重合在一起，按照衣片上标记的袖窿线缝合。裁片的纱向垂直向下（图9-20）。

12. 缝合底袖

将底袖片与衣片上袖子的底袖缝合缝在一起，此时应适当调整袖肥和袖口大小（图9-21、图9-22）。

13. 标记裁片

收起袖口活褶，确定袖口尺寸，折缝一条袖子的袖头，将袖口收拢。清剪底边，卷起折边。这时半身裁片的立体构成基本完成。审视立体裁

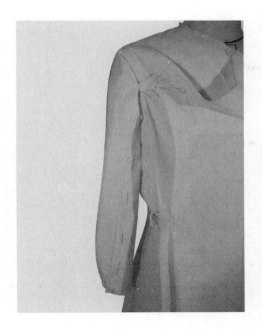

图9-21 图9-22

剪效果，确认符合设计意图之后，将全身合缝位置改为折缝针法，确认立体构成效果。然后标记全身裁片上的合缝标记点、纽扣位置、带襻位置，确认所有缝合时需对合的合印点（图9-23）。

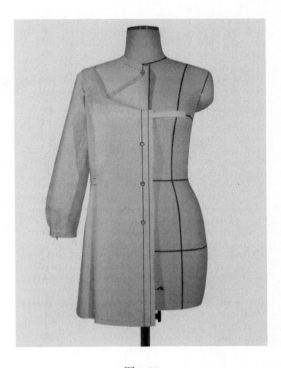

图9-23

14. 缝合确认

使用由两个半身拼合之后的样板裁剪出新的衣片，并整身缝合。本款风衣虽然是对称的，但整身缝合确认仍然很有意义。它可以深化对此类连身、连袖、连帽服装的衣片结构的认识，更因结构形式的变化给操作者带来无限的发挥空间（图9-24）。

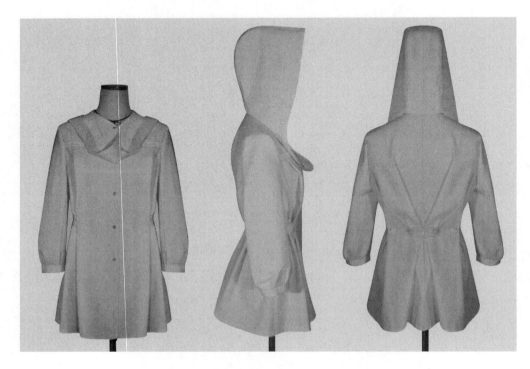

图9-24

第二节　特型样板

一、拓取展开图

作好全身裁片的标记以后，取下裁片，将裁片整烫平展。注意整烫时不要施加过大的压力，以避免改变裁片形状。用尺子连接所有标记点，得到展开图。此时后中心线应是一条直线，用点划线表示（图9-25）。

二、组合样板

拓取半身裁片的样板，以后中心线为基准，复制出另外半身的样板。这时会发现，样板原来可以是这样的（图9-26）。

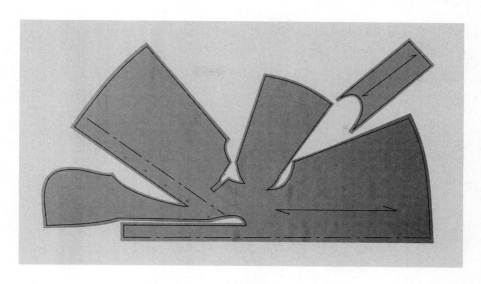

图9-25

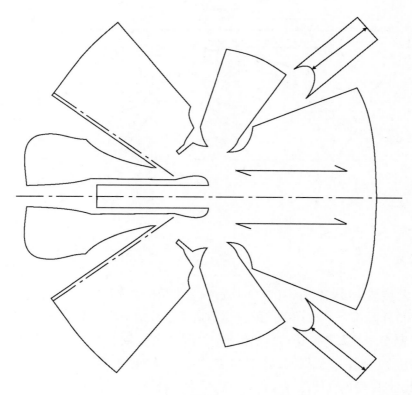

图9-26

三、样板分析

观察这个样板时，显然发现它有特别之处。它打破了上衣常规的结构形式，所以称之为特型样板。在第一章第二节立体裁剪概念的描述中，用剥橘子皮的例子来比喻立体裁剪的特点，本款风衣的结构方式就是该方法的实际应用范例。如果在标记裁片的时候，在立体构成的衣片上对应常规的结构方式，分别标记出领围、肩缝、袖窿、省位等辅助线之后，把原型附加在上面比较着看，会对样板的概念产生更深层次的理解，对创意设计很有帮助（图9-27）。

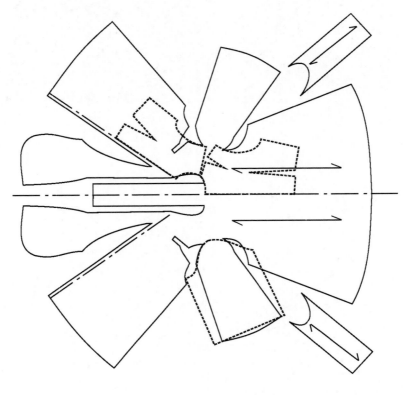

图9-27

当然，此类结构形式也有不足的方面。因为号型档差无从安置，它不适合放码批量生产，所以每件作品都将是独一无二的。作为造型技巧的练习，希望操作者思考下面的问题，另外一侧半身的衣片结构可不可以做成其他的样子呢？如何让它不对称而又相互关联？解决了这个问题，毫无疑问，会使服装设计的思路更为宽广。

做创意设计类型的立体裁剪操作时，在学生中最容易出现的问题，一是"堆砌"，好像要把自己知道的所有修饰方法都运用到一件作品上。结果经常是层层叠叠、繁杂、厚重。二是把固定裁片的大头针取下时，作品上的面料肌理效果就会失真散乱，甚至无法进行缝合确认。因此，缝合确认非常重要。务必完成所有部位，包括附件、扣合方式的缝合确认。如果在设计中使用了拉链，那就如实地用手针缝合一条拉链上去，做模拟的穿脱确认。缝合确认之后穿在人台上时，不允许再有固定用针出现在裁片上。

本节重点

利用立体裁剪的造型特点，可以将服装常规的结构形式予以灵活应用。通过连身、连袖、连帽女式风衣的立体构成，将原本独立的服装结构合并在一起的方式，使学习者在练习造型技巧的同时，得到了设计思路的启发。

实践项目

1. 立体构成一件与范例不同的连身、连袖、连帽风衣。
2. 拓取样板。
3. 缝合确认全身裁片。
4. 连同作品、样板提交作业。
5. 对优秀作品进行讲评。

边讲边练——

工单应用范例

课题名称： 工单应用范例

课题内容： 1. 解读工单

2. 立体构成

3. 样板制作

课题时间： 12课时

实践项目： 1. 解读工单

2. 遵从标准实施立体裁剪

3. 拓取展开图

4. 确认立体裁剪效果

知 识 点： 1. 工单

2. 如何执行工单标准

教学要求： 立体裁剪的目的是制作服装样板，立体裁剪是实用的制板技术，在审定造型效果方面具有独特的优越性。因此，如果不能将立体裁剪应用于生产实际，就毫无意义。工单是样板制作者不可更改的技术文件。如何让极富创意的立体裁剪技术遵守技术标准呢？本章以一个工单为例，提示如何应用立体裁剪制作服装样板。

第十章　工单应用范例

立体裁剪的目的是获取服装样板，用于原创产品的设计有其方便之处。在加工型企业中，立体裁剪同样可以发挥其优越之处，有助于准确地表达出产品的设计意图，制作出精确的服装样板。对于有严格尺寸标准约束的加工产品，遵守尺寸标准就成为立体裁剪过程中需要特别注意的事项。如何应用立体裁剪完成既定尺寸服装产品的样板制作呢？本章用工单应用的案例做一示范。

第一节　解读工单

所谓工单，是产品设计开发部门将产品设计图纸、产品规格描述、面料规格描述、工艺要求描述、技术指标等汇编成文的表达方式。因公司不同表达方式会不同，但内容要项基本是一样的。非原创性服装加工厂接到的合同工单或试样工单中，很多都没有原样品作参考。解读工单是样板师了解产品信息的唯一方式，对加工型企业的样板师们来说尤其如此。如图10-1所示，为某服装公司过期的工单（在此谨向提供单位表示感谢）。

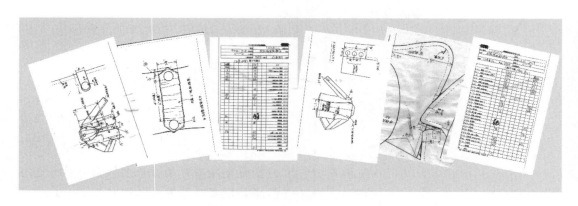

图10-1

样板师拿到一份工单时，至少要先读懂其中几项内容：造型要求、款式特点、何处开身、开合方式、大身结构、领子的类型、袖子几片结构、有无里料或填充物、号型档差等。这是制作样板的前提条件。

为了了解来自香港、台湾地区以及国外订单的产品规格要求，本章将按照实际工单中的规格要求使用英寸单位。请使用英寸单位的量具来完成练习内容，这是与生产实际的一次近距离接触。

一、款式图

款式图如图10-2所示。

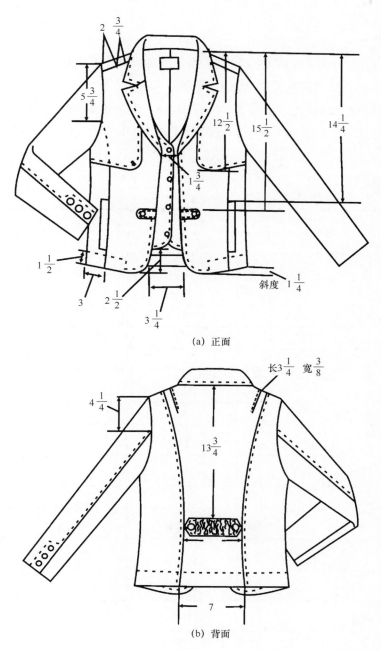

(a) 正面

(b) 背面

图10-2

二、工艺要求及面料特点

很多缝纫工艺问题要在样板环节予以解决：如使用何种缝纫工艺关系到缝份大小，要实现抽皱效果需加放的合缝线长度等。

了解产品将用什么面料，面料的纱支、密度、克重对于达成板型效果非常重要，甚至影响到成品尺寸标准，一定要了解清楚。

三、尺寸单

要详读尺寸单，了解尺寸单位，对其中规定的每个尺寸进行分析，这样可以预知样板的难易程度。本案例采用的是英寸单位（1英寸=2.54cm）。

来自香港、台湾等地区公司的工单多用繁体字，其中服装的部位名称等一些术语也与内地有所不同。为了让学生多了解一些知识的目的，这里即用这样一个工单作为案例，尺寸单示例见下表。尺寸单中涉及的重点部位示意见图。

尺寸单示例

设计号：JL01-2011		面料：全面特织斜纹布
7号上装尺寸表（单位：英寸）		
部位	尺寸	说明
1. 胸围（夹下1英寸）	$34\frac{1}{2}$	
2. 腰围（腰直位度）	31	
3. 下摆宽	35	
4. 后中长	22	
5. 肩阔	$15\frac{1}{4}$	
6. 袖长（后中过袖顶至袖口）	32	
7. 袖口阔	$9\frac{1}{2}$	
8. 袖臂阔（夹下1英寸）	$12\frac{1}{2}$	
9. 后领高	3	
10. 领阔	$6\frac{3}{4}$	
11. 后领深	$\frac{3}{4}$	
12. 夹直	$8\frac{1}{2}$	
13. 前胸宽	$13\frac{1}{2}$	
14. 后背宽	15	

续表

部位尺寸示意图

肩阔
领阔
袖臂阔
前胸宽
胸围
下摆宽

后领高
袖长
袖口阔

后领深
后背宽
夹直
后中长
腰围

第二节　立体构成

一、后身衣片

1. 后中片

（1）工单中给定的是后中长尺寸，即验货方将核实的是后中长尺寸。因此，本款服装宜先从后中片开始立体构成。如图备料，并分别按照给定的后领宽、后领深、后中长尺寸标入基准线（图10-3）。

（2）将后中裁片上的后中心线与人台上的后中心模型线重合对齐，将标记的后领深点推转至对应人台上的肩缝线处，分别在后领中心、后臀围高、肩胛骨处用大头针固定住（图10-4）。

2. 后领围

固定裁片后领深之后，沿着后领口线留出缝份，清剪出后领围，将肩部裁片理平贴实于人台肩部（图10-5）。

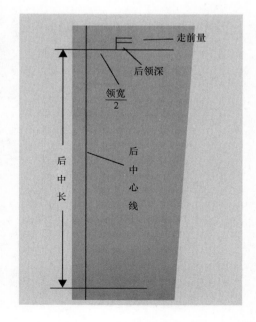

走前量
后领深
$\dfrac{领宽}{2}$
后中长
后中心线

图10-3

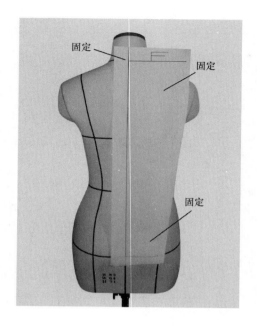

图10-4

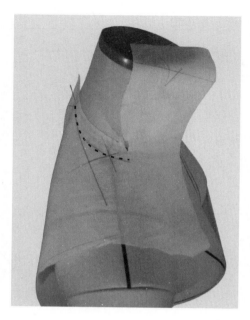

图10-5

3. 标记肩缝线、走前量

在裁片上标记出人台的肩缝线位置，然后标记出与之平行向前身的肩缝走前量（图10-6）。

4. 后肩省

按照图纸提示的位置折叠肩省（图10-7）。

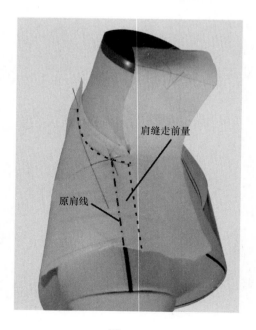

图10-6

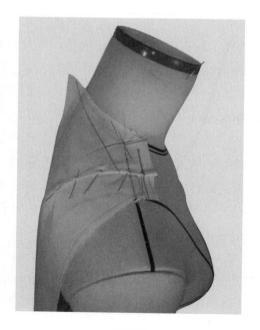

图10-7

5. 清剪后中片

分别量取肩部、腰围部、臀围部距后中心线的尺寸，留出缝份，清剪后中片（10-8）。

6. 后侧片

（1）在后侧片上标入经纱方向，使之垂直向下，用大头针分别在肩部和下摆部位固定（图10-9）。

（2）在后侧片的两侧腰围线处开剪口，保持纱向不变，在中腰部推入收腰的量，与后中片从中腰位置开始缝合（图10-10）。

7. 确定后身片尺寸

当后中片与后侧片合缝之后，应从后中心线位置开始向侧缝方向依次测量 $\frac{1}{4}$ 胸围、$\frac{1}{4}$ 腰围、$\frac{1}{4}$ 下摆围的尺寸。注意要用纵向的线条做标记。这样可以保证无论袖窿深开到哪里，都可以较准确地控制围度尺寸。

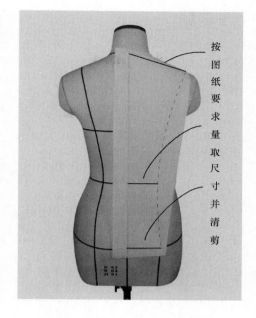

按图纸要求量取尺寸并清剪

图10-8

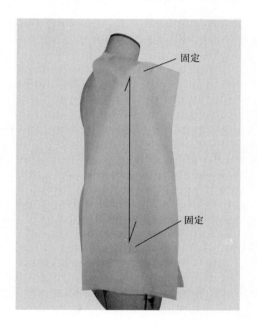

固定

固定

图10-9

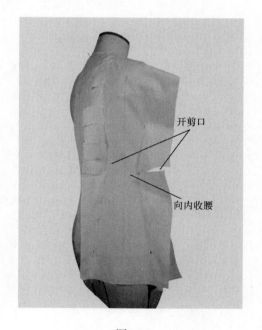

开剪口

向内收腰

图10-10

二、前身衣片

1. 前中片

（1）将前身衣片的前中心线与人台上的前中心模型线重合对齐，肩部留出缝份。

分别在前领中心位置、BP点位置、前腰中心下面小腹凸起处用针固定（图10-11）。

（2）将前身衣片上的省量推转至肩部，保持胸围线以下的裁片平直。将省量分成两部分：一半推转至前领中心位置，以撇胸量处理；另一半推转至前身袖窿处，与前侧片合缝时以袖窿省处理（图10-12）。

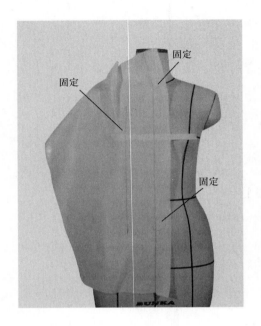

图10-11

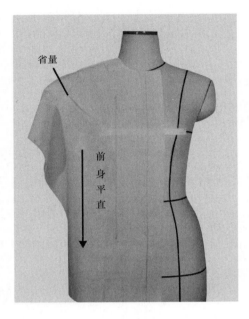

图10-12

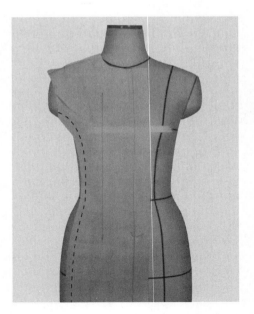

图10-13

（3）留出缝份清剪前身衣片领围线，此时按人台的模型线为基准清剪即可。按照图纸要求标记前身衣片分割线位置，清剪掉多余的面料，此时袖窿上应分割出包含前面预置的前身上的半个省量。在肩缝处用后肩压前肩，以折缝针法缝住（图10-13）。

2. 前侧片

（1）取前侧裁片，标记出经纱纱向。使纱向垂直于地面，袖窿接合部和底边留出缝份，分别在前袖窿和臀围高位置上用大头针将裁片固定在人台上（图10-14）。

（2）合缝前侧片与前中片，在腰围线处开剪口，从中腰位置开始向上或向下缝起，保持侧片纱向不变（图10-15）。

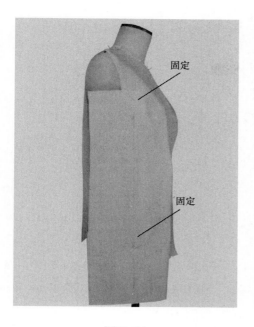

固定

固定

图10-14

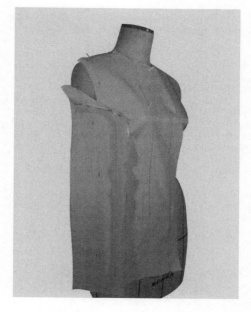

图10-15

3. 侧缝

测量并标记前侧片上 $\frac{1}{4}$ 胸围、$\frac{1}{4}$ 腰围、$\frac{1}{4}$ 下摆围的位置，纵向做短线标记。因为三个围度截面并非是同心圆，可能会导致侧缝不垂直于地面，可以在前后片上互借分量，使侧缝在满足成品尺寸的条件下成为一条直线与地面垂直（图10-16）。

4. 直量袖窿深（夹直）

标记好侧缝线位置后，先打开侧缝上部的针，将前侧片抬起，使裁片呈平面状态。自肩点向前侧片胸围上所做的纵向标记线直量袖窿深（夹直）尺寸，尺子直线落在标记线上时，用与胸围线交叉的横向短线标记出袖窿深度（图10-17）。

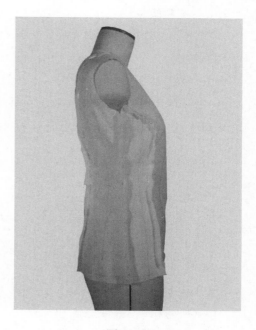

图10-16

5. 前身内襟

取前身内襟裁片，使其前中心线与人台上的前中心模型线重合对齐。核对尺寸单上的要求，将内襟裁片分别在前领中心位置、第四扣眼位置固定在人台上。此时内襟裁片的前中心线要以左右两个BP点之间的连接布条的中线为基准取得，前中心线不可以取消布条紧贴人台。按照图纸要求，在前身内襟上分别标记出领深位置、扣眼位置和下摆圆弧（图10-18）。

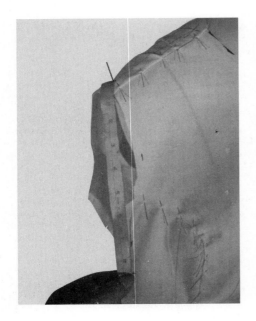

图10-17

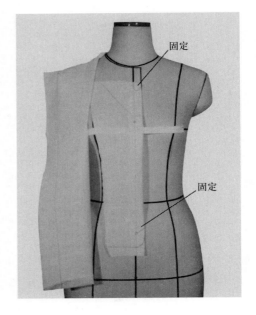

图10-18

6. 前身驳头

将前身衣片覆在内襟上层，标记贴边线。量取前身片开门尺寸，折叠驳头和前门线（图10-19）。

7. 前覆肩

（1）量取前覆肩用量裁片，在裁片上标纱向线。整理裁片与身片，使之平展服帖，在肩缝上固定。纱向保持垂直向下（图10-20）。

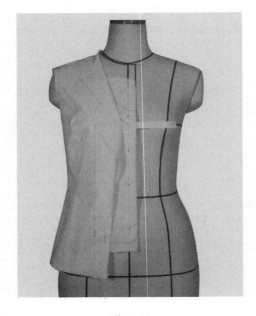

图10-19

图10-20

（2）按照图纸要求的尺寸标记出前覆肩形状，清剪袖窿与身片，合缝到肩缝内，并在侧缝线上固定。标记领台线和前领围线（图10–21）。

三、领子

（1）本款上衣是翻领结构，参照第四章第一节领型基础中翻领领下口坐标，分别在领子裁片上标记后领中心、横坐标和翻领弧线。将领子裁片上的后中心线和身片上的后中心线重合对齐，在后领中心上固定（图10–22）。

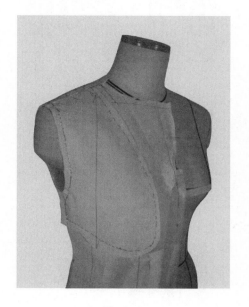

图10–21

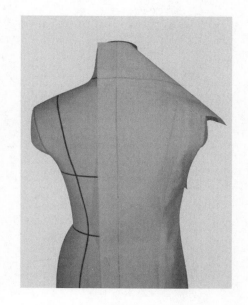

图10–22

（2）将领子领外口翻折，沿肩部整理至与前身驳头翻折线对接，使翻领折线与驳口线呈一条直线（图10–23）。

（3）将领子的领下口与领围缝合，直至前身驳头领台位置。标记领下口，留缝份清剪掉多余的面料。将领子领外口折叠，标记外口线（图10–24、图10–25）。

四、袖子

（1）按照给定的尺寸量取袖长、袖肥、袖窿直量（夹直）尺寸，分别在图10–26上表示出来。

（2）参考第四章第二节袖型基础中一片半袖的构成方法进行裁剪，本款上衣的袖子有前倾，需要

图10–23

在折合袖窿时将袖子折成纱向不变、袖口前偏的形态。然后将袖窿的上部清剪成大致的袖山形状（图10-27）。

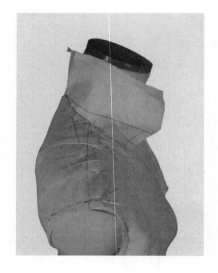

图10-24

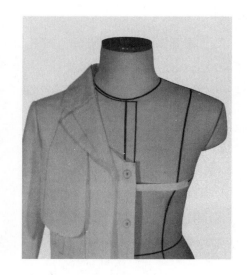

图10-25

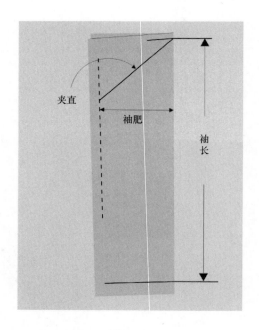

图10-26

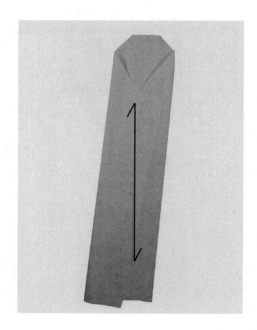

图10-27

（3）用挑针缝法将袖子缝合在袖窿上，要求袖山圆顺，袖窿饱满，纱向垂直向下，外袖口位置在侧缝线后3cm以内，抬起袖子，在袖子上对应侧缝线的位置标记底袖缝合印点（图10-28）。

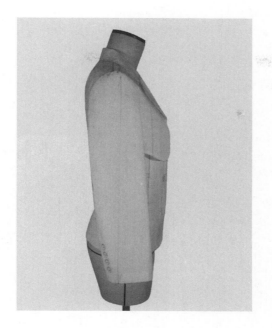

图10-28

第三节 样板制作

一、标记裁片、核对展开图

为了保证样板的准确性，拓取展开图以后应逐个比对裁片的缝道长度。误差较大的地方，要重新做局部的缝合确认。有必要时需要经过实际面料做局部缝纫的确认（图10-29）。

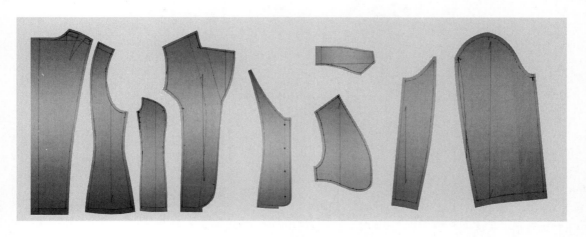

图10-29

二、拓取样板

在实际工作当中，通常使用数字化仪（也叫读图板）将展开图上的净样板轮廓线读入计算机，用"描板放码"来完成放码。课堂上可以用手工拓取的方式来完成样板制作（图10-30）。

图10-30

三、缝合确认

用大头针固定的裁片与实际缝纫线还是有区别的。有些在加工过程中容易发生的问题应该在样板制作阶段就加以解决。比如抽皱效果、水洗、砂洗等对面料的影响都应该考虑周全。为此应做整身的缝合确认，得到应有的效果之后再进行实际的样衣制作（图10-31）。

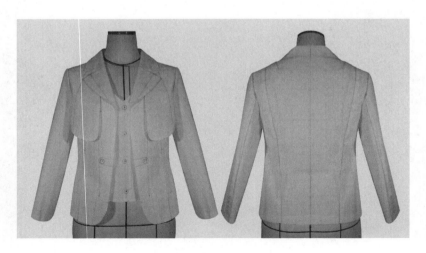

图10-31

缝合确认的项目包括：

（1）贴合区是否平服。用手从上向下按在肩部时，应有如直接按在人台上的感觉，否则落肩必有问题。

（2）胸围线上所形成的平面应尽可能宽展，也就是营造最大乳间距的效果，以符合人体工程学所提倡的"最大最小"原则。

（3）所有裁片应平展自然，无论收腰量是多少，都不要有纵向或斜向的褶皱。

（4）测量所有部位尺寸是否与工单标准相符，分割线较多、实际材料较厚的部位，允许有公差，公差一般为号型之间档差的 $\frac{1}{4}$ 值，公差取大不取小。

应用立体裁剪完成工单任务，与原创性立体裁剪相比，受到的制约自然会多一些。但是立体裁剪显然比平面结构裁剪更直观，板型效果更好。平面结构制图，是按照一些尺寸要求来规划一个造型；工单立体裁剪则是创造一个造型并让它满足给定尺寸要求。显然，后者更着重于"型"的雕琢。这就是立体裁剪出来的服装更为符合人体特征，更易于凸显设计效果的原因。

本节要点

通过完整地按照一个工单应用立体裁剪技术制作样板，使学生建立"标准"的概念，并学会如何执行尺寸标准。教师示范重点的立体构成方法后，学生要按照工单严格执行各项要求进行立体构成、样板制作、缝合确认等项目，并要经得起严格的审查，不可以带有随意性。

实践项目

1. 读懂工单。

2. 考虑工艺方面可能发生的问题，规划解决办法。

3. 立体构成。

4. 拓取展开图样板。

5. 整身缝合确认。

6. 连同作品、样板一起提交作业。

7. 讲评作业。

边讲边练——

创意造型

课题名称：创意造型

课题内容：1. 范例分析

　　　　　2. 立体构成

课题时间：8课时

实践项目：1. 设计意图表现

　　　　　2. 立体构成

　　　　　3. 拓取展开图

　　　　　4. 缝合确认

知 识 点：1. 构思规划

　　　　　2. 立体造型

教学要求：在进行原创作品的立体造型时，有时事先并没有详尽的图纸或者一个设想，而是要先经过立体裁剪的造型试验，一边设计一边确认，之后才能形成图纸。本章内容，通过一款服装来介绍如何从构思到造型确认，直至完成一件创意设计作品的过程。

第十一章　创意造型

　　立体裁剪擅长表现创意造型服装作品的立体构成。在满足服装基本机能性要求的前提下，可以不受限制地发挥设计意图，也可以随机调整造型手法，营造出事先意想不到的效果。通常此类作业较受学生欢迎。但是，设计服装的目的是要把它穿到人身上去，并最大限度地满足大众的审美取向。脱离了这个目的，再精美的造型、再新颖的创意、再奇巧的构成手法，都将变得毫无意义。所以，这里以一个有功能性、有明确着装指向的范例，介绍创意造型立体裁剪应用的诸元素。

第一节　范例分析

一、参照物观察分析

　　如图11-1所示的是一架钢琴。它能够提示出的设计线索包括：色块及主色调，面及形态特征，线条及线型，琴键特征，令人联想到的乐曲和音色等。

图11-1

将观察分析出来的设计线索予以形象化的记录，可以是抽象的、幻化后的形态表现。这些形态概念将成为服装上付诸以造型表现的设计元素（图11-2）。

图11-2

二、规划造型表现方式

将所要表达的设计元素融合在服装上，如图11-3所示为钢琴与服装有机结合的着装效果图（图11-3）。

图11-3

第二节 立体构成

一、前片

1. 前身片（左身做起）

先将人台升至适当高度（本范例预设着装人身高为1.6m），裁片前中心线与人台前中心模型线对齐。量取颈侧肩点位置至底边作为衣长尺寸。注意在裁片上下要各加放10cm左右的调整尺寸量（图11-4）。

2. 前衣长

或许见到过明星踩掉自己的裙子，或者被裙子绊倒在红地毯上的场景。为了避免着装者走路时因踩住前下摆而发生意外，立体裁剪这种裙子在标记前裙长时，应测量着装人的正常步幅跨度，以正常步伐行走时微露鞋尖为准（图11-5）。

图11-4

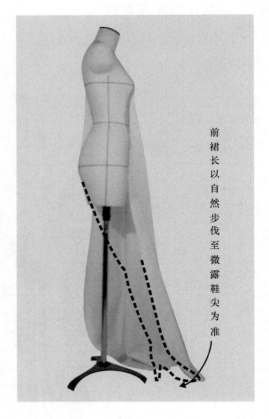

前裙长以自然步伐至微露鞋尖为准

图11-5

3. 前领口

从前中线上开剪至胸围线上3cm处，预留的右半身部分此时无须裁剪，可先临时固定在人台上备用（图11-6）。

4. 前中片

标记出左身前中心片分割位置，自袖窿至腰围线、臀围线、底边，从上向下清剪出左身前中片。左半身重点显露身体线条，因此分割线要顺畅，以凸显人体曲线为准（图11-7）。

图11-6

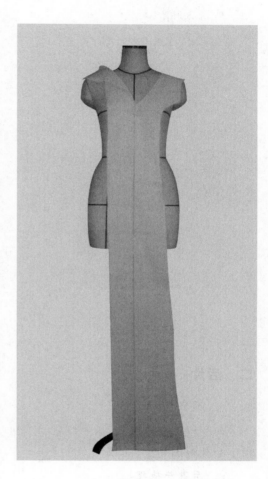

图11-7

5. 前侧片

取标记有经向纱向线的前侧裁片，固定在人台的前侧位置，正对人台侧面，使纱向垂直向下，此时裁片的最宽位置应该是下摆，测算用料时以裙摆大小为参考（图11-8）。

6. 合缝前中与前侧片

从侧缝位置向内开剪口，在腰围线位置和臀围线位置适当留出余量，用合缝的针法将前中片和前侧片缝合在一起（图11-9）。

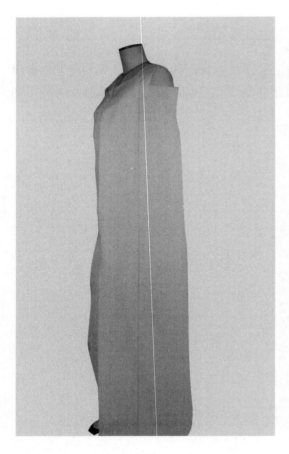

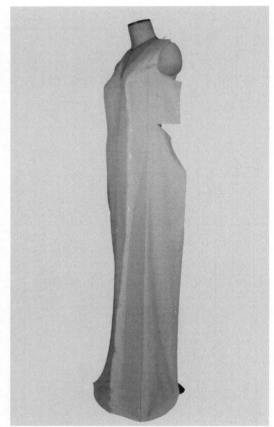

图11-8   图11-9

二、后片

1. 后中片

裁片标记好后中心线，将裁片后中心线与人台上的后中心模型线重合对齐，分别在后领中心和臀围高位置固定（图11-10）。

2. 后身片拖摆

考量整体效果，后身片拖摆部分按照造型要求取其长度，平铺观察效果（图11-11）。

3. 清剪后中片

收束腰围尺寸，使后中片贴实后腰围线中心。标记分割线位置，从肩部清剪至腰围线位置。后身片拖摆取布幅宽度，作弧形标记（图11-12）。

4. 后侧片

取适当长度的白坯布，在裁片上标记经向纱向线，使纱向垂直于地面，固定在人台的后侧位置（图11-13）。

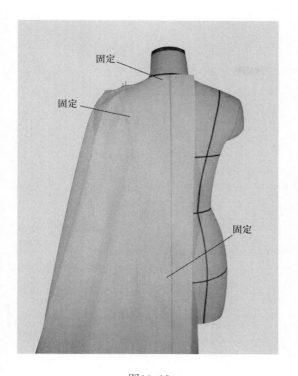

图11-10

图11-11

图11-12

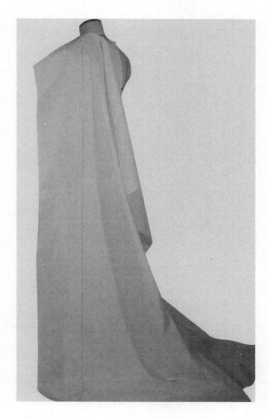

图11-13

5. 清剪缝合后侧片

收束腰围尺寸，自上而下地将后侧片与后中片在分割线及侧缝位置缝合在一起。注意，此时应在臀围线上留出余量，自腰围至底边可以采用直线缝合裁片。比对后片拖摆长度后取齐顺接（图11-14）。

三、复制衣片及缝合确认

1. 复制右身前中片

如图11-15所示，取右身前中裁片，将前中心线与左身片的中心线重合对齐，留出缝份。将左身片的前中心线折叠，复制出右身前中片，标记轮廓线备用（图11-15）。

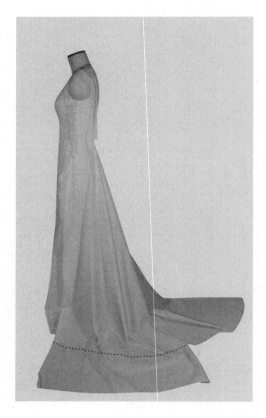

图11-14

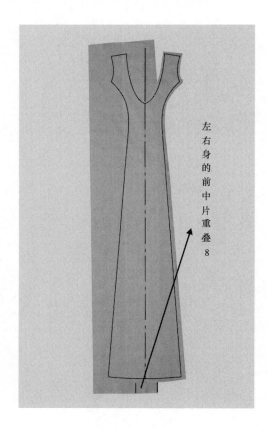

左右身的前中片重叠 8

图11-15

2. 复制右身其他裁片

内裙的左右身裙片是对称的，除前中片之外，按照左身的裁片，可以分别复制出右身的前侧片、后侧片、后中片。

3. 缝合确认

将内裙缝合起来确认效果。两侧的前中片暂时不要缝合，将左右身的前中心线重合在一起后用针固定，确定拉链的长度和位置之后缝合（图11-16）。

4. 右肩部位辅助支撑

预设的造型要求加大右肩宽尺寸，可选用稍厚或稍硬一些的面料预先做好一个支撑用的袖型，袖山位置上折出几个横向的活褶，用以加大支撑力度（图11-17）。

图11-16

图11-17

四、领子

1. 领子部分

本款服装的领子是一个较高而且直立的造型。一般情况下首先想到的是用一些如铁丝之类其他的材料来做支撑，但实际上如果能够巧妙地利用面料本身的张力来达成此类效果才见水准，尽量不使用那些特殊的辅助材料。纺织面料都是平面的，让它直立起来确实困难，但给它一个角度就能够达到直立起来的效果。本款服装的领子就可以利用两肩之间的后领所形成的弧度达成让领子立起来的效果（图11-18、图11-19）。

2. 标画领子

在右身领宽位置开剪口，将剩余的面料折成前身片上的翻领部分，在立领的折角线上标画琴键状图案，完成立体构成之后可用其他材料替代下来（图11-20）。

3. 右前身领子下部

将余下的面料以弧线开剪，整理为右前身领子下面的波浪形褶。可先将固定左右身前

图11-18

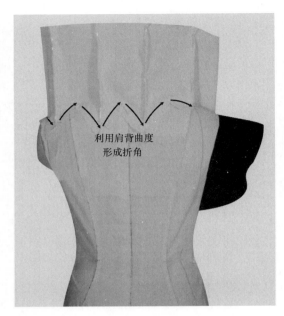

利用肩背曲度
形成折角

图11-19

中片的针取下，掀起左身片，临时固定在右身上。将领子下部折边呈直线折缝在前中片上，至前中心线的最下端位置（图11-21）。

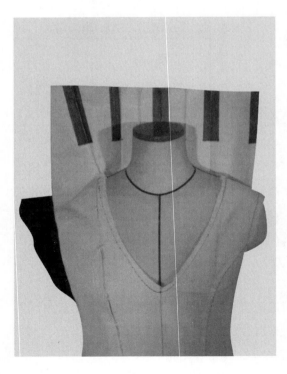

图11-20

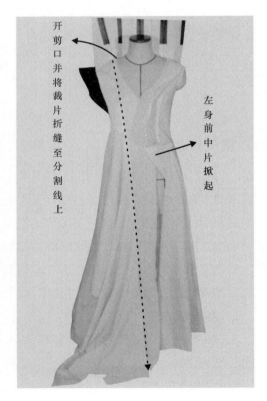

开剪口并将裁片折缝至分割线上

左身前中片掀起

图11-21

4. 清剪波浪褶，标记拉链位置

自右领口肩缝处，沿折缝向下至臀围线稍靠下的位置标记拉链位置。可以选用一条隐形拉链或者更具装饰效果的珍珠链（图11-22）。

5. 领子用料

立起的领子、前身翻领以及波浪褶部分的用料是一体的（图11-23）。

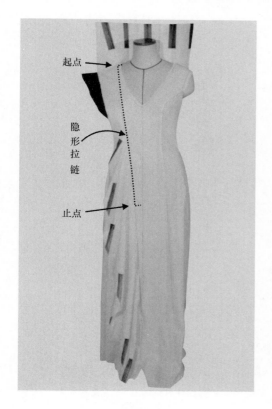

图11-22

图11-23

五、前后身附片

1. 右前身附片

使用与实际面料的厚度、硬度、质地均比较接近的面料，自右身领宽处开剪口，沿翻领折线固定在左前身上，使裁片平展下垂（图11-24）。

2. 右后身附片

右后身附片与前身一体，自领宽处开剪口固定在左后身上，使附片平展下垂（图11-25）。

3. 清剪前后身附片

按照预设的前身造型要求，清剪出前身附片的形状（图11-26）。按照预设的后身造型要求，清剪出后身附片的形状（图11-27）。

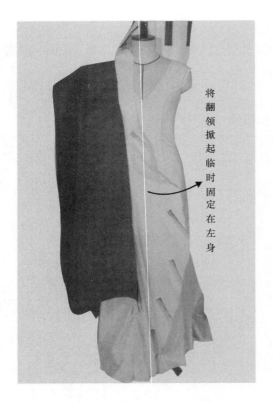

将翻领掀起临时固定在左身

图11-24

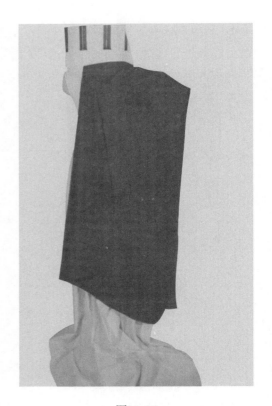

图11-25

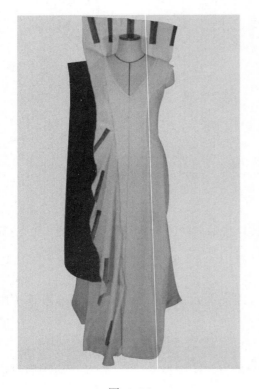

图11-26

图11-27

4. 左身附片

左身附片是一个装饰片，自前身翻领折线起环绕至后身，与后身附片连接在一起。为了增添一点灵动的效果，它的宽窄、曲度应有所变化（图11-28）。

图11-28

六、缝合确认与试穿

除了拉链位置以外，将所有裁片进行缝合确认，并在完全没有固定针的前提下进行穿脱试验。本款服装由主身片和装饰用附片两部分组成，但内外是连接在一起的。装饰附片与裙身之间应营造出一种剔透的感觉。如果附片里料选用一种介于两个主色调之间的过渡颜色，应可以辅助这种外松内紧、剔透灵动的造型效果（图11-29）。

至此，这个由钢琴引发的创意表现基本完成。可以在左身添加一条拖带，以平衡整体的均衡感。为了凸显主题，还可以用荧光材料制作几个五线谱音符形状的附件，错落着安置于服装上，起到一个烘托的作用。

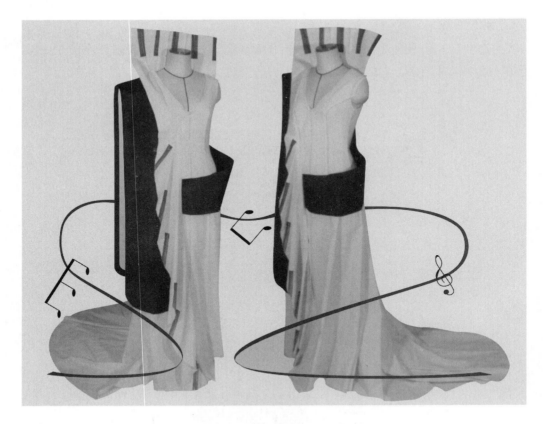

图11-29

本节重点

利用立体裁剪的造型优势,将原创的任意造型设想付诸实施,通过非常规的造型手法使设计灵感得以完美表达。练习应用面料的自身质感来完成非常规造型的技能手法。

实践项目

1. 立体构成一件有主题的原创服装。

2. 缝合确认。

3. 试穿检验。

4. 优秀作品讲评。

此类服装一般不会批量制作,无须制作样板,直接替换为实际面料即可。但作为创意考察,通过讲评可以达到相互学习借鉴的目的。

参考文献

[1]文化服装学院.文化服装讲座:原理篇［M］.范树林,文家琴,译.新版.北京:中国轻工业出版社,1998.

[2]三吉满智子.服装造型学:理论篇［M］.郑嵘,张浩,等,译.北京:中国纺织出版社,2006.

[3]近藤れん子.近藤れん子の立体裁断と基礎知識［M］.东京:モードエモード社,1998.

[4]小池千枝.文化服装讲座:立体裁剪[M].白树敏,王凤岐,译.北京:中国轻工业出版社,2000.

[5]唐妮·阿曼达·克劳福德.美国经典立体裁剪:基础篇[M].张玲,译.北京:中国纺织出版社,2003.

[6]刘峰,卢志文,孙云.立体裁剪实训教材[M].北京:中国纺织出版社,2008.

附录 立体裁剪课程的考评

一、能力项目

1. 能力要求

（1）有一定对"型和空间"的敏锐感觉，能深刻体会人体与服装之间的关系，并且具备用立体构成方式表达设计意图的能力。

（2）掌握立体裁剪的基本技能和技巧。

（3）具备应用立体裁剪技术完成效果图、立体构成、制作样板到绘制参考制图的能力。

（4）能够将立体裁剪技术应用于实际生产中的样板制作。

2. 各单元所要达到的能力

（1）理解立体裁剪的概念，了解有关立体裁剪的基础知识，懂得立体构成在完成服装结构设计中的重要性，以及立体裁剪在服装设计生产过程中所起到的作用。

（2）了解人台的种类以及各种人台的性能，动手操作模型线的贴附，掌握大头针的使用方法，充分理解人体与人台的关系。

（3）掌握原型的立体裁剪技能，建立初级的"立体"意识，进一步加深对服装立体构成的理解，能熟练进行省缝转移变化的操作，同时具备在立体状态下完成服装衣片结构设计的能力。

（4）能动手操作基本的合体型、宽松型衬衫的立体裁剪，掌握基本的领口、领型（立领、平领、衬衣领）的立体裁剪要领，尤其是下摆展开成波浪褶、褶裥、皱褶、悬垂褶等的实际操作技巧，逐步达到具备应用立体裁剪完成设计意图的能力。

（5）了解人体下半身的体型特征，学会观察臀部形态及穿着效果，学会加放臀围、腰围余量的方法，从而掌握利用立体裁剪完成裙装的造型设计。

（6）理解肩宽、胸围、腰围、臀围这"一宽三围"的构成关系，掌握连衣裙立体构成的设计要点和立体裁剪中的各种技巧，并能举一反三，在领子、袖子、身片上做出多种合理的设计变化。

（7）掌握基本款西服上衣的立体裁剪技巧，尤其是胸围、腰围、臀围三围余量的加放，重点理解型、线、体的造型原则并且能够灵活运用，达到结合平面结构制图原理，运用立体构成形式进行上衣的身片分割、领子变化的设计能力。

二、考核方法

1. 普通试题

　　请按照所给的服装正面效果图或款式图（任课教师自行拟定），设计绘制出该款服装的背面款式图，并完成该款服装的立体裁剪及净样板制作。考试时间为8课时（一个工作日）。

考评用款式图

　　这个试题包括了对以下能力项目的考查：

　　（1）学生分析、判断效果图或款式图的能力。

　　（2）依据正面效果图或款式图，设计背面款式图的能力。

　　（3）绘制款式图的能力。

　　（4）通过贴附模型线考查学生理解人体曲面的能力。

　　（5）面料使用量的判断能力。

　　（6）使用大头针、剪刀等工具的熟练程度。

　　（7）把握人体与服装之间的空间余量的能力。

　　（8）立体造型的能力。

　　（9）拓取服装样板的能力。

　　（10）样板修正的能力。

（11）立体造型的整理能力。

2. **图片拷贝试题**

按照某款服装的图片（给学生提供图片）绘制出该款服装的款式图，制定一个中心号样板尺寸，完成该款服装的立体裁剪，并绘制出该款服装的展开图与参考制图（可合并）。考试时间为8课时（一个工作日）。

这个试题包括了对如下能力的考查：

（1）学生分析、判断款式图的能力。

（2）掌握和运用标准的能力。

（3）根据款式选择面料特点的能力。

（4）面料使用量的判断能力。

（5）选择和判断使用人台的能力。

（6）通过贴附人台模型线，考查学生理解人体曲面的能力。

（7）使用大头针、剪刀等工具的熟练程度。

（8）把握人体与服装之间的空间余量的能力。

（9）立体造型的能力。

（10）获取服装样板的能力。

（11）通过绘制参考制图，考查学生理解成品尺寸在人体上如何分布的能力。

三、评分标准

1. **款式图（10分）**

款式图结构准确合理，线条流畅清晰，工艺要点明确，画面干净整洁。

2. **立体裁剪（50分）**

白坯布熨烫平展，布料纱向正确，立体造型符合服装款式，比例尺寸符合标准，余量加放得体，主要标记线齐全，针法正确。

3. **展开图样板与参考制图（40分）**

样板符合工艺要求，纱向、名称、合印记号标注齐全，结构准确合理，线条流畅清晰，样板干净整洁。

后记

　　开始动笔前原想把多年来从事立体裁剪工作所得出的经验体会写成一本科普类的书，而非教材。那样没有课时限制，可以写得详细一些。但走访了一些服装厂和学校以后，越来越感到如果能通过教材的形式，让服装专业的学生或企业中有兴趣尝试应用立体裁剪的人们看到此书，或许更容易达到实际应用之效。所以，我把这些年在立体裁剪课上教给学生的几个典型范例整理了一下，从中选出了一些有代表性的品类或单元，赋予它一个适合的知识点，归结在本书内。写完之后，感觉很多东西还没囊括进去——只介绍了女装的立体裁剪，男装和裤装的内容没有包括在内，但这些内容已经需要耗费156学时了，而很多学校是否愿在这门课上安排这么多学时，实难肯定。只好请各院校根据自身的教学特点和教学计划对课时数进行调整。

　　中国服装行业必将从"世界工厂"的角色走上品牌之路，这个过程中需要很多知识，立体裁剪的普及应用有利于推动原创，也算是软实力之一。如果把中国服装行业比作一棵大树，立体裁剪就像是一棵大树的一条根茎。绵薄之力，恰如一叶，一叶可以知秋，一叶也可障目。努力能充一叶于愿已足。

　　服装设计向来是没有标准答案的课题，立体裁剪也是一样，观点不一是必然的，通过交流能够懂得更多一点，既是过程又是目的。抛砖引玉，希望立体裁剪这个话题能够热络起来。

作　者
2014年6月